本书由　江苏经贸职业技术学院　资助

休闲旅游视野下的城郊森林公园旅游规划

杨财根　著

气象出版社
China Meteorological Press

内容简介

本书以满足城市居民休闲旅游需求为研究基点,借鉴比较优势、旅游可持续发展、生态旅游等相关理论,采用旅游系统规划法等研究方法对城郊森林公园旅游规划进行了系统研究,剖析了城郊森林公园休闲旅游发展的驱动机制,结合改革开放后旅游规划导向演进与森林公园建设战略使命,确立了城郊森林公园旅游规划定位,依据旅游规划定位,建立了适宜城郊森林公园的"三析五构"旅游规划模式,设置了一个由"三维一体"分析系统和"五位一体"构建系统组成的系统规划模式,并以南京城郊森林公园为例对此模式进行了实证研究。

本书可供旅游及其相关科研人员及高等院校师生阅读参考。

图书在版编目(CIP)数据

休闲旅游视野下的城郊森林公园旅游规划/杨财根著.
—北京:气象出版社,2012.8(2020.1重印)
ISBN 978-7-5029-5543-4

Ⅰ.①休…　Ⅱ.①杨…　Ⅲ.①森林公园-旅游规划-研究-中国
Ⅳ.①S759.992

中国版本图书馆 CIP 数据核字(2012)第 182846 号

出版发行:气象出版社

地　　址:北京市海淀区中关村南大街 46 号　　　邮政编码:100081
电　　话:010-68407112(总编室)　010-68408042(发行部)
网　　址:http://www.qxcbs.com　　　E-mail:qxcbs@cma.gov.cn
责任编辑:蔺学东　　　　　　　　　　终　　审:吴晓鹏
封面设计:博雅思企划　　　　　　　　责任技编:吴庭芳
印　　刷:北京中石油彩色印刷有限责任公司
开　　本:787 mm×1092 mm　1/16　　　印　　张:9
字　　数:230 千字
版　　次:2012 年 9 月第 1 版　　　　　印　　次:2020 年 1 月第 2 次印刷
定　　价:30.00 元

前　言

中国改革开放后居民的生活水平普遍提高,提高生活质量现今已成为居民与和谐社会建设的共同愿景。伴随着经济发展与社会进步,中国大中城市已进入"休闲时代",休闲与旅游得到较快发展,休闲已成为居民生活的重要组成部分,森林游憩日渐成为大中城市居民的常见休闲方式。城郊森林公园在满足城市居民休闲需求方面具有重要作用,城郊森林公园因其独特的天然生态价值、景观游憩价值及其区位优势等而备受城市居民青睐,到城郊森林公园休闲旅游成为城市居民周末与节假日改变生活环境、提高生活质量的主要外出休闲方式。同时,由于森林生态环境与城市化问题等因素驱动,城郊森林公园的休闲旅游发展势不可挡,随之城郊森林公园的旅游规划态势增强,各城郊森林公园纷争进行旅游规划与开发成为时代必然。

然而,目前中国旅游规划理论的发展相对滞后,不同类型旅游区规划体系尚不完整,在当前规划理论匮乏而开发现实火爆的森林旅游发展阶段,城郊森林公园旅游规划方面至今还未形成一个相对完整并切实可行的旅游规划模式,理论滞后愈显严重,由于缺乏相应的规划理念与规划方法的指导,森林公园的旅游规划问题凸显,森林公园旅游定位不明确,公园被看做是经营性企业等许多问题突出,盲目规划大量存在,导致森林生态环境频遭破坏,社会服务功能发挥不足。对于城郊森林公园来说,如何进行旅游规划是一种战略抉择,不仅影响其游憩价值,而且影响其生态价值和社会价值,甚至影响所在城市人与自然的和谐发展,对城市居民的休闲游憩与社会生活及城市社会可持续发展都有重要影响。因此,加强城郊森林公园旅游规划研究具有理论与现实的时代紧迫性。

本书以休闲旅游为视角,以改善城市居民休闲生活环境、满足城市居民休闲需求为研究基点,结合规范分析与实证研究,借鉴比较优势、旅游可持续发展、生态旅游、利益相关者、社区参与和福利经济学等相关理论,采用旅游系统规划法、定性与定量分析法、归纳与演绎法、比较分析法及现场调研法等研究方法对城郊森林公园旅游规划进行了系统研究。

本书剖析了城郊森林公园休闲旅游发展的驱动机制,依此推导出城郊森林公园旅游规划的区域定位与客源市场定位,同时依据森林公园建设战略使命及改革开放后旅游规划导向呈现出以经济效益为主导的倾向,提出城郊森林公园应该秉持社会效益主导型旅游规划,指出城郊森林公园旅游规划需权衡经济效益、生态效益和社会效益三大旅游效益,依此建立了城郊森林公园旅游规划效益评价体系,确立了三大旅游效益评价的标准、指标、权重和评价方法,评价体系强调了旅游规划的社会效益,并指出城郊森林公园旅游规划应以社会发展为导向,实现社会发展导向旅游规划的直接愿景、间接愿景和最终愿景,据此确立了城郊森林公园旅游规划效益与规划导向定位。在旅游规划定位的基础上本书采用旅游系统规划法建立了适宜城郊森林公园的"三析五构"旅游规划模式,设置了一个由"三维一体"分析系统和"五位一体"构建系统组成的系统规划模式。"三析五构"各子系统之间层次分明,相互联系,"三维"各系统的主要内容影响"五位"各系统的主要内容构建,"三维一体"分析是"五位一体"构建的前提与现实依据,"五位一体"构建是"三维一体"分析的规划结果,并且"三维一体"分析系统指导、控制着"五位一体"系统的构建,由此"三析五构"旅游规划模式形成一个完整的旅游规划系统。最后以南京紫金山森林公园和南京牛首山森林公园为例对"三析五构"旅游规划模式进行了实证研究。

由于旅游规划是一项复杂工程,城郊森林公园旅游规划涉及面较广,限于编写时间仓促及本人学识水平和能力有限,书中还有很多尚待进一步完善之处,期望各位读者、专家和学者对书中存在的错误和不足之处给予批评指正,本人不胜感激!

杨财根

2012 年 3 月于南京

目　录

第 1 章　绪　论

1.1　研究背景

1.1.1　国际背景

（1）休闲消费成为时代特征

作为人类社会演进的指示器，休闲标志着一个国家经济发展水平和社会文明程度的高低，休闲消费方式是一个区域居民生活水平及方式的显著体现。著名未来预测家格雷厄姆·莫利托认为，到 2015 年前后，发达国家将进入"休闲时代"，休闲将在人类生活中扮演更为重要的角色。休闲成为一种社会建制，正在改变社会结构，人们的消费方式与生活方式引领着我们这个时代社会生活的主旋律（郭鲁芳 2004）。

发达国家基于雄厚的经济基础、完善的社会福利、特有的消费观念，休闲活动类型多样，休闲经济在整个国民经济中的比例较高。根据美国休闲学会发布的休闲白皮书（White Paper of Leisure）中所引用的一组数据，美国人休闲消费占全部消费支出的 1/3（Stynes 1993）。休闲在发达国家已发展为一个重要的消费方式，从人类社会发展的未来预测变成了现实经济社会中越来越重要的一个特征。

休闲消费在社会发展中是一个重要的动力源，John Kelly 认为，休闲消费的"再创造"性使得休闲合理化（Kelly 1987）。休闲消费成为"新的合理"因素在 20 世纪 90 年代后备受国外政府、商家和学者的关注和重视。Goodale 和 Godbey 在《人类思想史中的休闲》一书中指出，"由于有利于生产，休闲一直是合理的，但现在它也由于有利于消费而成为合理的了。"（Goodale et al. 1988）。这种合理化使得建立在消费基础上的休闲产业成为一种新兴的社会现象。

（2）旅游发展受到广泛关注

旅游在世界上一些国家发展较成熟，从法国、英国等一些欧洲国家及泰国等东南亚国家来看，他们重视旅游产业之间的联动，通过实行免费参观或低票价运作，以提高游客的可进入性和延长游客滞留时间，通过发展"大旅游"来促进旅游的发展。美国、英国、意大利、日本、巴西、墨西哥、泰国、韩国等国家都制定了相应的旅游法，保证和支持本国的旅游业的发展。很多国家利用财税手段给予支持旅游业的发展，部分国家通过直接投资或减税或设立旅游发展基金的形式支持旅游业的发展，同时提高居民的休闲时间。这些国家推动了本国旅游的发展，也带动了全球旅游产业的发展。事实上，早在 20 世纪 80 年代旅游景区景点的发展就进入了成熟期（Swarbrooke 1995），仅世界前 20 个旅游景区景点每年接待的游客量就高达 115 亿人次（Garrod et al. 2002）。

（3）国家公园规划管理较为成熟

国家公园作为国际自然保护的一种重要形式,启发和推动了世界整个自然保护事业的兴起与发展,成为评价一个国家对自然的保护水平。美国于 1872 年 3 月 1 日通过《黄石公园法案》建立了世界上第一个国家公园——黄石国家公园,黄石公园的建立被认为是人类最初的自然保护思想运动的胜利(赵献英 1994),1916 年美国设立了国家公园的管理处,同时通过了《国家公园事业法》,其中把国家公园的目的在法律上规定为,"保护自然景观和历史遗迹及栖息生长其中的动植物资源,在一定条件下为当代和后代提供消遣和游乐场所,同时保证在利用中不得使之受到损害"(兰思仁 2004)。《黄石公园法案》和《国家公园事业法》的颁布,为现代国家公园铸就了两条最重要的脉络:一是自然保护,二是休闲娱乐。

国家采取一切措施保护国家公园自然景观并供公众享乐这一民主思想,现今已为世界许多国家接受采纳。英国在 1949 年通过的《国家公园和乡村通道权法》突出了"调和自然保护与维护当地居民利益之间矛盾"这一特色(孙平 1992),世界自然保护联盟(IUCN)1969 年接受了美国的国家公园保护与休闲娱乐理念。其中,加拿大著名的国家公园——Banff 国家公园就照搬了《黄石公园法案》的内容,并借鉴黄石公园的模式取得了显著成效。加拿大《国家公园法》规定对国家公园的利用必须"不损害后代人享用",Banff 国家公园虽然开发旅游已过百年,每年接待游客数以百万计,但依然山清水秀,一派原始生态景象,算得上是"可持续旅游"的成功典范(杨士龙 2007)。

1.1.2　国内背景

（1）城市居民休闲生活日益丰富

随着中国社会经济的快速健康发展及社会体系的不断完善,人们的生活方式已发生了明显的变化。1995 年,我国开始实行每周五天工作制,2008 年开始,中国法定假日实际形成两个 7 天的"黄金周"和 5 个 3 天的"小长假",假日的增加及职工带薪休假的落实,城市居民的休闲动机更易于付诸实践,休闲生活日益丰富,市民花费更多的时间外出休闲娱乐,无论是城市休闲观光还是乡村游览都给出游者带来了极大的精神享受,既有利于开阔视野,又得到了休息和愉悦。休闲价值开始得到社会的普遍认可,中国将启动国民休闲计划,休闲将成为一种社会建制,城市居民的休闲生活必将更加丰富。

（2）旅游产业快速发展

改革开放以来,中国旅游业取得了巨大成就,在旅游人次、旅游收入等规模上都得到了长足发展。2007 年我国居民的国内旅游已达 16.10 亿人次,旅游总收入为 7770.62 亿元,而直接从业人员为 1000 万人。旅游业已成为事关亿万"民生"的大产业。休闲假日的增多,居民休闲理念的增强,居民旅游消费方式随之演进,休闲旅游因为社会进步和旅游健康发展得以脱颖而出,呈现出国内化、家庭化、大众化、多元化、郊区化和高品位化发展态势(刘群红 2000)。

随着旅游产业的升级,旅游经济功能在一定程度上相对淡化,旅游社会服务功能增强,许多地方把旅游业作为提高当地"软实力"的重要因素,旅游业已融入了中国城市居民的平常生活。由于经济发展和社会进步的促进,中国旅游业将在较长时期保持较快发展势头。

（3）城市化进程加速

中国国民经济持续高速发展带来城市化进程加速,城市规模进一步扩大,城市居民经济生活水平提高,消费方式发生了显著变化,同时城市化进程的加速也带来了一些对居民社会生活的不利影响。

城市化致使城市面积扩大,人口增多,城市建筑密集,对城市气象环境产生不良影响(Catherine et al. 2006)。同时由于城市密集的工业生产和人类活动,垃圾污染、水污染、噪声污染增多,影响到城市居民的工作、生活和身体健康。人类为了生存及发展城市需要创造物质文明和建设人为环境,同时人类在创造人为环境的同时也在消耗甚至破坏人类赖以生存的自然资源与自然环境。

（4）森林旅游渐成旅游热点

中国森林旅游起步于 20 世纪 80 年代,在 90 年代得到了迅猛发展。1999 年的"生态旅游年"的旅游主题的确立,掀起了森林生态旅游的热潮。2007 年全国森林公园共接待游客 2.47亿人次,为社会提供就业机会近 55 万个,带动社会综合旅游收入近 1200 亿元。

发展森林旅游是我国社会经济全面发展的一条重要途径,森林旅游的发展标志着中国对森林资源的利用方式随社会生态需求发生了根本性转变。"十一五"期间中国森林公园事业还将处于快速成长阶段,到 2010 年,森林旅游业在全国旅游业发展中的比重将逐步提高,年游客量和综合旅游产值占全国旅游业的比重将分别达到 19％和 13％左右(李世东 等 2007)。随着居民生态意识的增强,森林旅游产品会越来越受到旅游市场的青睐。

（5）森林公园旅游规划问题明显

森林旅游渐成为我国旅游热点,同时由于居民生活压力的增强、自我生活价值追求的日益凸现及生态意识的逐步增强,更加促进各森林公园的进一步旅游规划开发。但目前森林公园旅游规划存在诸多明显现实问题。

①忽视生态效益与社会效益。一些森林公园与地方政府受到"投资少,见效快"的经济利益驱动,盲目追求森林旅游的规模经济,盲从范围经济,强调经济效益,忽视社会效益与生态效益。许多森林公园规划时森林资源内涵与森林文化挖掘不深,为竞争市场盲目开发旅游产品吸引旅游者(刘毅 2003),河南新郑始祖山国家森林公园"华夏第一祖龙"事件结果造成严重的社会影响,也给森林公园旅游规划敲响了警钟。中国的森林公园相当于外国的国家自然公园,而国家自然公园的基本功能是生态功能和社会服务功能。一方面要保护其独特的生态系统和生物多样性;另一方面是人类认识自然、调节身心、升华精神、科普教育的重要场所,失去前者,后者无从谈起,没有后者,则失去其存在的意义(吴承照 等 2001)。

②森林公园旅游定位不明确。经济利益的驱动致使部分森林公园急于进行旅游开发,缺乏对旅游资源本身的调查评价,缺乏对客源市场的深入分析,致使旅游规划盲目与盲从其他旅游景区景点旅游开发的现象频繁出现。纵观我国的森林旅游产品,缺乏性质定位的现象比比皆是,为数不少的旅游景点因缺乏定位而无法激起旅游者的向往(余建 2003),更有甚者,有许多开发商片面错误地把森林公园定位为"旅游资源"或"旅游经济开发区",进行掠夺性的资源开发,严重损害了森林资源的价值(王艳 等 2007)。

③森林生态保护方面存在问题严重。部分森林公园为了吸引旅游者前来参观游览,往往把森林公园建成主题公园,大搞城市化建设,对森林生态造成严重影响。普遍的现象有:在一些地势较平坦、空间较为开阔地带兴建旅馆、大型游乐设施;大兴土木修筑园路;四处修建亭、廊建筑;森林内建别墅、设狩猎区;以及为各项设施肆意砍伐木材等。森林生态环境破坏严重(田玉清 2004)。

④森林公园缺乏相对完备的解说系统。部分森林公园对旅游者服务的标识牌、对景区有

代表意义的重要生物物种的说明等旅游解说系统的建设不能满足旅游发展的需要,致使森林文化教育功能滞后,间接诱导了游客人为的森林资源损伤,导致森林旅游服务质量与生态环境保护得不到保障。

1.2　国内外相关研究综述

1.2.1　国内外相关研究

1.2.1.1　休闲旅游研究

(1)休闲研究

国外休闲研究已有近100年历史,研究角度和方法多种多样,不同学科共同研究休闲现象的格局已经形成。休闲研究是近年中国学者们研究的热点,也是中国社会近期关注的一个焦点。中国休闲研究尽管只有短短十几年的时间,也取得了不少研究成果。与本书相关的休闲研究主要有:

①休闲内涵研究

休闲内涵是休闲研究的起点。较有影响的观点有:亚里士多德认为,休闲是"不需要考虑生存问题的心无羁绊的状态";杰弗瑞·戈比从社会学视角认为,休闲是"从文化环境和物资环境的外在压力下解脱出来的一种相对自由的生活";美国学者约翰·凯利则认为,休闲应被理解为一种"成为人"的过程,是一个完成个人于社会发展任务的主要存在空间,是人的一生中一个持久的、重要的发展舞台(凯利 2003)。

国内学者马惠娣(2004)认为,休闲具有多重含义:它可以是一段"时间",可以是一项"活动",可以是一种"生存状态",还可以是人的"精神态度"。其中,休闲的"时间"含义即常说的"自由时间"和"闲暇时间"。楼嘉军(2000)认为,休闲是个人闲暇时间的总称,也是人们对可自由支配时间的一种科学和合理的使用,休闲活动虽然与人们所从事的日常工作毫无关系,但与劳动并不冲突,休闲活动是人们自我发展和完善的载体。

②休闲与社会发展研究

休闲关系到个人和社会的发展问题,休闲与每一个社会成员的健康生活相关。法国社会学家 J. 杜马兹迪埃(Jefre Dumazedier)(1992)指出,休闲具有多种价值、多种方式和层次。美国学者 Charles K. Brightbill(1963)提出了现代社会应以休闲为中心的教育理念。葛拉齐亚(Grazia)(1964)提出了休闲是重要的、值得肯定的生存状态的观点。法国社会学家 J. 迪马瑞杰指出休闲推动了现代社会发展,他认为休闲推进了现代社会价值观念的演变,它改善了人对自身、他人和自然环境的认识(李仲广 等 2004)。也有学者认为休闲增加了社会福利,林德(Linder)(1970)指出,对福利发生影响的是时间,而不是物质收入。

近年国内学者认识到休闲是人类社会生产力发展的产物,是社会进步的标志,休闲有利于提高主体素质,是构建和谐社会的重要途径。休闲将成为人生存的终极目标和未来社会发展的中心。如李磊认为休闲是指必要劳动之余的自我发展,休闲是生命的权利,休闲问题是一个社会大课题。曹铮、李捷认为休闲消费是社会进步的驱动器(张建 2006)。

③城市居民休闲活动研究

在对休闲的研究中,城市居民的休闲活动研究是重点。城市居民休闲活动的主要研究范畴包含日常的休闲活动及外出休闲旅游活动。日常休闲活动研究主要分析目前城市居民休闲生活方式。国外城市休闲旅游研究集中在城市旅游需求、供给,城市旅游的经济、社会、文化和环境的影响,城市旅游规划与管理,以及旅游地的市场营销等领域。国内城市旅游起步于 20 世纪 90 年代,城市休闲旅游方面的研究成果主要集中在城市旅游规划、城市旅游发展区域性战略选择、城市旅游吸引物体系、城市旅游形象、游憩商业区(RBD)、城市旅游感知、城市游憩产业布局等(保继刚 等 2004)。

(2)休闲旅游研究

①关于休闲旅游含义研究

休闲、旅游及其相关概念是休闲旅游研究的理论基础,休闲旅游含义研究是休闲旅游研究的起点。Kevin Moore et al. (1995)在区别"旅游"与"休闲"的概念时提出"旅游是一种特殊的休闲方式"。美国也有将休闲和旅游一起统计研究(Ian 1997)。可见,休闲与旅游相关,休闲包含旅游,旅游是异地的休闲,以休闲为目的的旅游属于休闲旅游(马波 2006)。马惠娣(2002)认为,休闲旅游就是以休闲为目的旅游,它更注重旅游者的精神享受,更强调文化意境,从而达到个体身心和意志的全面和完整的发展。

②休闲旅游的性质与发展情况研究

休闲旅游虽然是近年来兴起热潮,但其对社会的推进不容忽视,学者们探究了休闲旅游的性质与发展情况。赵振斌(1999)探讨了休闲旅游在当前我国国内旅游发展中占有重要地位,休闲旅游在我国出现有其现实的经济、社会、人文等社会因素。程遂营(2006)认为,休闲旅游是旅游经济发展到一定阶段的必然产物。王国新(2006)认为,休闲旅游是当前我国大众休闲的主要形式。罗坚梅等(2007)认为,休闲游的意义是从根本上提高我们的生活品质。

刘群红(2000)认为,我国休闲旅游呈现出国内化、家庭化、大众化、多元化、郊区化和高品位化发展态势。马海鹰(2006)认为,要推动各种类型与休闲相关的旅游设施和特色旅游休闲城市的建设。冉斌(2004)认为,国家在发展休闲旅游业的过程中应扮演重要角色,政府就必须承担相关的责任。

③休闲旅游市场与产品研究

如何看待目前的休闲旅游市场及旅游产品的开发是休闲旅游发展需思考的领域。郭鲁芳(2005)认为,森林游憩、生态旅游等旅游方式是休闲旅游产品开发的主要方向。赵振斌(1999)对休闲旅游市场特征进行了分析,并提出了双休日休闲旅游产品开发的主要方向。

部分学者以案例研究的形式对休闲旅游产品的类别及区域进行了研究。如李健等(2006)认为,以"身心放松、健康调整与促进"为目的的山地休闲方式已成为现代都市人追求的保健生活方式。宋长海等(2006)以上海为例对休闲旅游特色街空间结构进行了实证研究。

1.2.1.2　旅游规划研究

旅游规划起源于 20 世纪 30 年代的英国、法国和爱尔兰等欧洲国家。60 年代中期,世界各国各地区开始编制旅游规划,到 70 年代后,旅游规划已经成为促进旅游产业发展的有效途径。我国旅游业自改革开放以来得到了迅猛发展,与此相随的旅游规划研究在理论、方法上也不断创新和发展。国内外的旅游规划研究表现在下面几个方面:

（1）旅游规划类型研究

国内外学者对旅游规划的类型研究观点不甚统一。冈恩（Gunn）（1979）认为，旅游结构为区域规划、目的地区规划、场址规划，因斯基普（Edward Inskeep）（1991）提出旅游规划类型结构为：国际旅游规划、国内旅游规划、区域旅游规划、度假区，以及其他旅游地的土地利用规划、旅游设施厂址规划、建筑、景观工程设计。

中国大多数学者把旅游规划分为旅游发展规划、旅游建设规划。吴人韦（1999）把旅游规划分为结构规划、总体规划、项目规划，吴必虎（2001）将所有旅游规划归纳为时空二维体系，在空间维度上分为区域旅游规划和社区旅游规划，在时间维度上分为初期的开发规划和成熟期的管理规划两种情况。

（2）旅游规划导向与模式研究

旅游规划的兴起催生了能指导旅游规划的模式研究。目前对旅游规划的导向与模式的研究主要集中在区域旅游规划。张建（2005）认为区域旅游规划形成资源、市场、产品、产业、政府、旅游功能系统六种导向。

从旅游规划的发展情况来看，被广泛认可的主要有四种旅游规划导向，即资源导向、市场导向、产品导向和形象导向旅游规划。资源导向以陈传康和保继刚等提出的模式为代表，陈传康（1992）探讨了区域旅游开发7种模式。保继刚等（1993）提出了根据旅游资源、区位条件和区域经济背景的旅游规划4种模式。市场导向的最先出发点是考虑旅游市场需求，如陈健昌等（1988）提出从居民点到旅游景点的单程旅游所耗费的时间与在旅游点游玩的时间都是人们在旅游决策中的决定因素。产品导向旅游规划以吴必虎为代表，他提出了区域旅游规划的"1231"基本模式，此模式为区域旅游规划提供了基本思路（吴必虎2001）。旅游形象导向旅游规划首先确定旅游地的旅游形象，它是在产品开发分析模式的基础上发展起来的一种新思路（李景宜 等2006）。

（3）旅游规划方法技术研究

旅游规划运用了不同的方法技术。社区规划法在国外运用的较多，Peter E. Murphy（1984）阐述如何从社区角度去开发和规划旅游。Getz（1986）提出了"理论与实践相结合的旅游规划方法模型"。Baud-Bovy et al.（1976）提出系统规划法，其总体规划（Master Plan）开始反映了这种思想方法。另外，门槛分析法被运用到到旅游地接待规模与效益的分析之中，以便决定其开发规模（范业正 等1998）。

国内一批青年学者大量引进介绍海外旅游规划的方法和技术手段。例如，廖建华等（2004）探讨了区域旅游规划空间布局理论基础，如区位理论和地域分工理论；宋晓莲等（2004）提出旅游规划有必要借助文化人类学的方法。另外，层次分析法、GIS技术、SWOT分析被广泛运用。

（4）城市旅游规划研究

随着城市化进程的加剧，城市旅游问题越来越明显，城市旅游规划也成了研究者们的研究热点。吴承照（1999）认为，城市旅游规划的理论基础主要包括城市资源理论、城市旅游系统理论、旅游区位论。邹再进等（2001）探讨了城市旅游规划与其他规划之间的关系。张捷等（2002）提出城市旅游规划应迈向休闲规划，需强调生态意识、民主意识（社区参与）等理念。

1.2.1.3　森林公园旅游规划研究

（1）森林旅游研究

①森林旅游的涵义研究

美国学者格雷戈里（1985）首先提出了后来被广为接受的森林旅游的涵义，他认为，任何形式的到林区(地)从事旅游活动,这些活动不管是直接利用森林还是间接以森林为背景都可称之为森林旅游(forest tourism)。王永安(2003)认为,不能把"森林旅游"和"森林生态旅游"混淆,将"森林生态旅游"定位为"森林旅游"的形式之一,森林旅游是生态旅游的一种主体形式;张华海等(2002)认为,森林旅游、森林游憩和生态旅游有所不同。

②森林旅游资源价值评价研究

国外以森林旅游主导产业的休闲产业发展较快,也推动了森林旅游资源价值的评价。1977年Daniel(1977)提出美景度评判法(SBE:Scenic Beauty Estimation Method),通过若干个可能计测的因子去表述森林美感,计量要素包括评价因子、评价因子系数、旅游地域特征。Patsfall(1984)采用调查旅游者对景观类型的偏好,发现大量中景远景林木是美感度关键因素,而旅游者对前景内容格外敏感。Hammitt等(1994)也采用了类似技术进行了测度,研究发现有水体的山林最为旅游者喜爱,森林边界过渡区、流水和多重山脊是美感正面因素。

森林旅游价值评价在很大程度上是进行经济价值评价,而其中影响最广的是旅行费用法(TCM:Travel Cost Method)和条件价值法(CVM:Contingent Value Method)。美国Donnely(1986)提出森林旅游评价的旅行费用法和条件价值法。Scarpa(2000)运用条件价值法调查了爱尔兰森林保护对旅游的贡献。Hrnsten(2000)运用条件价值法分析距离远近对瑞典人森林旅游的影响。近年来,TCM与CVM也被中国学者频频运用。如陆鼎煌、吴楚材等采用TCM对张家界国家森林公园旅游价值进行了评估,戴广翠等(1998)运用TCM评估了中国的森林旅游价值,陈红(2005)探讨了CVM在森林生态旅游产品价值评估中的运用,并进行了案例研究。

③森林旅游的环境影响研究

森林旅游的环境影响涉及林业和旅游的可持续发展。Legg等研究了针叶林野营地被游客践踏后土壤空隙的时间变化(武国强 等 2005)。Taylor等研究了游客践踏对植被的影响及植被恢复能力。Lonsdale和Lane认为,旅游部门为了吸引更多的游客而人为引进动物种类,干扰了当地固有的生态系统平衡(邓金阳 等 1995)。Wall和Wright(1997)从森林环境整体构成出发,全面研究了旅游对地质地貌、土壤、植被、野生动物、水质、大气环境的影响。

许多国内研究者也探讨了森林旅游对自然生态环境的影响。如王宪礼等(1999)分析了旅游对长白山生物圈保护区植被的破坏状况,李贞等(1998)从植被生态环境质量和景色质量管理的角度,研究了旅游开发对丹霞山植被产生的影响等。

(2)森林公园旅游规划研究

①森林公园的市场定位研究

森林公园的旅游规划必须先明确其市场定位问题,否则规划战略就会走偏方向。张西林(2004)指出,湖南森林公园性质定位中存在"依据不充分、内容不规范、功能过于宽泛"等问题。张晓慧等(2002)认为,秦岭北坡森林公园旅游市场营销普遍存在目标市场定位模糊等问题。许春晓(2003)强调了城市居民是城市周边旅游地的目标客源市场,在进行城市周边旅游地的规划中,注重对客源城市居民的需要特征的研究。

②森林公园生态旅游规划与可持续发展研究

薛艳红等(2006)认为,森林公园旅游规划应强化生态意识,实施生态管理,营造生态文化。王兴国与王建军(1998)认为,开展森林生态旅游应注意保护森林风景资源、科学地编制森林公园总体规划、加强生态管理,协调主客体关系等方面。

有的学者在森林公园旅游开发实现可持续发展方面进行了研究,例如,唐丽等(1999)都从可持续发展的角度对森林公园的进一步发展提出意见；秦安臣等(2005)在构建生态旅游地可持续经营指标体系的基础上，明确了指标变量的数量化方法和可持续度的计算方法。

③森林公园旅游产品规划与解说系统规划研究

旅游产品规划是森林公园主要旅游吸引力之一，也是旅游规划的亮点。国内学者大多从案例研究方面对此研究。如李春颖(2006)系统论述了森林公园度假旅游产品开发的战略、原则和程序，阐述了森林公园度假旅游产品开发的条件。黄金国(2006)以西樵山森林公园为例提出了旅游产品开发的方案与对策等。

旅游解说系统是旅游服务的一部分，是森林公园旅游教育功能的体现，也是旅游产品规划的重要组成部分。部分学者对森林公园的旅游解说进行了研究。如罗芬(2005)探讨了旅游解说系统的三大组成成分。颜玉娟(2005)认为，森林公园解说系统应注重对植物解说的选择，完善的植物解说系统能更好地发挥森林公园的生态教育功能。张立明等(2006)提出了森林公园的旅游解说系统。王娜(2007)探讨了森林公园旅游解说词问题。

④森林公园旅游资源价值评价与旅游容量问题研究

旅游资源价值在某种程度上决定着旅游发展容量与旅游的可持续发展，旅游资源价值评价是森林公园旅游规划研究的一个重点。孙建平(2004)对森林公园的游憩价值进行了定量的研究，并给出了生态旅游深层开发的"四级系统模式"。钟林生等(2002)提出生态旅游适宜度评价的概念和原则，并提出了不同适宜程度对森林公园开发的建议。阮君(2006)采用收益资本化方法，以武夷山森林公园为例对福建森林的游憩价值作一估算。王幼臣与张晓静(1996)对张家界森林公园社会效益进行了评价。

部分学者对森林公园的旅游环境容量问题进行了研究，Wall G, Wright C(1997)认为，森林公园的管理者、决策者们在森林公园的总体规划中要作出正确的环境容量测算。洪滔(2005)认为，森林公园开展生态旅游规划必须预测游客规模和环境容量，使生态旅游实现可持续发展。

⑤森林公园旅游规划的环境保护与管理研究

国外对森林旅游的规划开发与管理研究较广泛。Xavier Font et al.(2000)认为，不断增加的游客已开始对欧洲森林产生影响，管理是控制游客对环境影响的关键，旅游规划开发的目的应是鼓励旅游和森林可持续发展。Florin Ioras 和 Nicolae Muica(2001)认为，非持续的林业、旅游经营已对国家公园造成严重威胁，应为资源保护和持续发展提供基本保障，给当地居民适当补偿，减少公园与当地居民之间的冲突，开展生态旅游等。Horne(2006)的研究表明旅游者对保护稀有物种的丰富性和景观质量的改善有很高的积极性。

国内部分学者也研究了森林公园旅游规划的环境保护与管理问题。李世东(1994)认为，中国森林公园旅游起步较晚，缺乏管理经验，掠夺式经营资源现象时有发生，对森林公园的自然资源构成了严重的威胁。陈贵松(2004)探讨了森林旅游的负外部性。刘毅等(2003)认为，中国森林旅游发展障碍因素主要有森林旅游目的地环境恶化、规划开发和资源管护脱节、管理机制不科学、产品缺乏创新和科研理论水平落后等方面。

1.2.1.4　城郊森林公园旅游规划研究

城郊森林公园是城市旅游的重要地域，在城市旅游及森林公园旅游发展迅速的现今，有必要对城郊森林公园的旅游规划进行研究。但很可惜，目前对这方面的研究很少，主要有下面一些研究情况：王艳等(2007)探讨了城郊型森林公园规划中的性质定位，认为城郊型森林公园规划必须根据市民旅游需求和旅游类型偏好的调查情况来确定其规划建设的性质和开发方向。

李星群与黄建平(2001)针对南宁市城郊森林公园缺乏合理的定位和经验、开展森林旅游的力量不足等问题,提出城郊今后的定位首先要立足于南宁的客源市场。章建斌与吴彩云(2005)从4个方面对如何实现城郊森林公园的生态旅游功能进行了论述。战国强等(2005)分析了城郊森林公园的特点与功能,并提出了规划技术要点。罗明春等(2005)为城市郊区森林公园和市区森林公园提出了规划对策。

1.2.2　相关研究成果的不足

综观上述研究,发现目前相关研究的不足主要表现在:

①休闲研究浅层的描述性较多,需深入探讨现有的应用领域,以及发展全新的应用领域。休闲旅游目前主要是从休闲业与旅游业的结合去考虑,更多的是从经济发展的视角来研究,对于从社会发展的视角研究较少,需加强休闲在不同社会方面的应用研究,如加强休闲旅游在居民休闲生活特别是城市居民休闲生活方面的理论与实证研究。

②目前旅游规划存在的主要问题是缺乏完整的理论体系与完善的技术体系,旅游规划模式研究方面还是基本停留在区域旅游规划模式,而对于特定地域如森林公园等地域面积较大的旅游规划模式还未见。

③森林公园旅游规划研究还处于"前科学时期",需深入研究不同地域范围、不同类型森林公园的规划问题。目前,对于直接影响着森林公园战略目标和旅游可持续发展的森林公园旅游规划的定位、森林公园的旅游教育功能等方面研究较匮乏。

④当前对城郊森林公园旅游规划的研究理论深度还不够,纯描述性的文章较多,特别没有从满足城市居民休闲生活的视角来探讨森林公园的旅游规划。

1.3　研究意义

本书研究具有一定的理论意义,主要有:

(1)明晰城郊森林公园的旅游规划定位

对旅游规划进行准确的定位能给规划指明方向,避免盲目规划,同时提高旅游规划效果及减少规划衍生的损失。本书提出了城郊森林公园旅游区域定位、客源市场定位、旅游规划效益定位、旅游规划导向定位等旅游规划定位。

(2)创建城郊森林公园旅游规划模式——"三析五构"旅游规划模式

目前对森林公园旅游规划模式理论研究还属空白,对能够适合城郊森林公园旅游规划的体系框架也没有出现。森林公园旅游规划尚未形成完整的理论体系(邱晓霞 2008)。依据城郊森林公园旅游规划定位,本书采用旅游系统规划方法,创建了一个适合城郊森林公园的"三析五构"旅游规划模式。

(3)深化休闲理论研究

分析休闲旅游的成本及休闲决策,把城市居民外出休闲作为一项消费活动来研究;从城市居民休闲视角探讨城郊森林公园旅游规划,深化了休闲理论的应用研究。

本书研究的实践意义主要表现在:

(1)为城郊森林公园旅游规划提供借鉴

通过创建适宜城郊森林公园的"三析五构"旅游规划模式,希望能为各森林公园旅游规划提供指导和借鉴作用,特别为还未完全开发的城郊森林公园提供借鉴作用。

(2)改善城市居民休闲生活环境

通过城郊森林公园的合理旅游规划,可以更好地满足城市居民的休闲旅游需求,改善城市居民的休闲生活环境,提高城市居民的生活质量。

(3)提升旅游者森林资源保护意识与行为

城郊森林公园通过以森林生态保护等为规划理念的产品规划,以及通过旅游解说系统的构建、旅游休闲设施的建立等能为旅游者提供一个自觉保护森林资源的人与自然和谐空间,从而提高旅游者的森林资源保护意识,增强环保行为。

1.4　研究目标与研究内容

本书研究目标是:

(1)阐述休闲旅游的内涵与城郊森林公园休闲旅游发展机制,结合旅游规划现状,探讨城郊森林公园服务于城市居民休闲旅游的旅游规划指导思想,确立规划效益、规划导向等方面的定位。

(2)依据城郊森林公园的旅游规划定位,建立适宜城郊森林公园的"三析五构"旅游规划模式,并阐释"三析五构"旅游规划模式的要素构成及其相互关系,阐述该模式主要内容的规划目的、方法、步骤等。

(3)对"三析五构"旅游规划模式进行实证研究,总结该模式在城郊森林公园案例应用中的重点、难点及规划步骤等现实问题。

具体研究内容如下:

(1)城郊森林公园和休闲旅游的涵义。根据前人研究和现实发展,对城郊森林公园进行界定,阐释休闲旅游的内涵。

(2)城郊森林公园休闲旅游驱动机制。分析城郊森林公园休闲旅游发展的主要因素,并对这些因素进行具体剖析。

(3)城郊森林公园旅游规划定位。根据城郊森林公园休闲旅游驱动机制推导城郊森林公园的区域定位与客源市场定位;依据中国改革开放后旅游规划导向及现存问题探讨城郊森林公园旅游规划效益权衡及其旅游规划导向;探求城郊森林公园适宜的旅游规划方法。

(4)城郊森林公园旅游规划模式。根据城郊森林公园旅游规划定位建立"三析五构"旅游规划模式,并详细具体阐述"三析"系统及其要素编制的意义、指导原则、要素分析方法及主要内容,具体探讨"五构"系统及其要素构建的规划目的、规划步骤、要素构建依据及主要内容。

(5)城郊森林公园"三析五构"旅游规划模式的实证研究。以南京紫金山森林公园和南京牛首山森林公园为例对"三析五构"旅游规划模式进行案例研究。

1.5　研究方法与研究技术线路

本书的主要研究方法有:

(1)旅游系统规划法。本书借鉴旅游系统规划法建立了适宜城郊森林公园的"三析五构"

旅游规划模式。该模式规划对象涉及旅游目的地、客源市场、旅游出行和旅游支持等系统;该模式由"三维一体"分析系统与"五位一体"构建系统两系统构成,其中分析系统包含城郊森林公园的旅游环境分析、旅游资源分析、休闲旅游市场分析等"三析"子系统。构建系统包含旅游规划理念体系、旅游规划目标体系、旅游功能区划体系、休闲旅游产品体系及旅游支持体系等"五构"子系统,并且"三析"与"五构"各子系统紧密联系。

（2）比较分析法。本书把城郊森林公园的旅游资源与城市旅游各景点资源进行比较分析,把城郊森林公园的旅游市场与城市旅游的市场进行对比分析,以分辨出城郊森林公园的旅游发展的比较优势。

（3）定性分析与定量分析相结合的方法。本书在分析城郊森林公园旅游资源和休闲旅游市场方面采用定性与定量相结合方法。

（4）现场调研法。为收集真实、准确、详实的第一手资料,笔者现场调查了南京部分城市居民的休闲旅游情况及南京紫金山森林公园和牛首山森林公园的旅游发展情况。

（5）归纳法与演绎法。本书总结城郊森林公园旅游规划定位等采用了归纳法,在规划理论实证研究中采用了演绎法,根据"三析五构"旅游规划模式探讨了南京城郊森林公园的旅游规划。

本书研究的技术线路如下图所示。

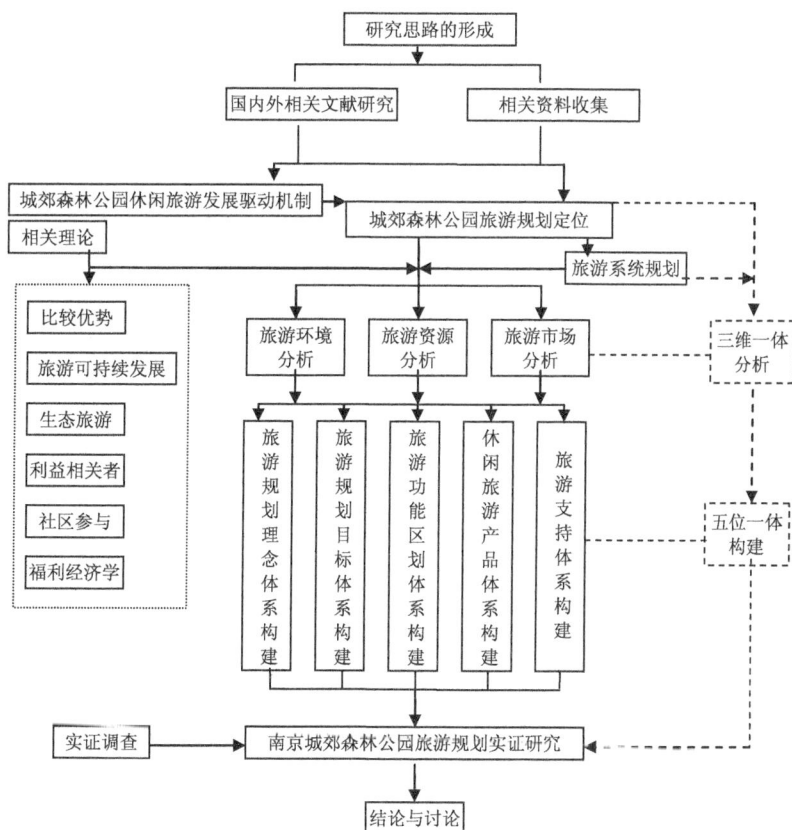

图 1-1　研究技术路线

第2章　城郊森林公园旅游规划理论基础

2.1　城郊森林公园与休闲旅游释义

2.1.1　城郊森林公园界定

我国森林公园相似于国外国家公园的一种。吴楚才等(1991)首次正式提出森林公园的概念,他们认为,森林公园是以森林自然环境为依托,具有优美的环境和科学教育、游览休息价值的地域,经科学保护和适度建设,为人们提供旅游、观光、休息和科学文化活动的特定场所。原林业部1994年1月22日颁布《森林公园管理办法》规定,森林公园是"指森林景观优美,自然景观和人文景物集中,依法设立的具有一定规模,可供人们游览、休息或进行科学、文化、教育活动的场所"。

森林公园根据不同分类标准可分为不同类别。我国森林公园按级别分为国家、省级和市(县)级三类森林公园,全国各级森林公园引领着保护国家珍贵森林风景资源的战略任务。森林公园按景观特色可分为森林风景型、山水风景型、人文景物型、综合景观型等,不同景观特色森林公园资源主体不同。按地理区位可分为城市型、近郊型、郊野型和山野型等。城市型森林公园指位于大中城市市区的森林公园,如上海共青、南京紫金山等森林公园。近郊型森林公园指位于大中城市近郊区,距市中心20 km之内的森林公园,如南京牛首山、福建福州等森林公园。郊野型森林公园指位于大中城市远郊区,距市中心20~50 km的森林公园,如攀枝花大黑山、南京老山等森林公园。山野型森林公园是指地处深山老林,远离大中城市,以野、幽、秀、奇为特色的森林公园,如湖北神农架、浙江牛头山等地处名山大川和原始森林、次生林区的森林公园(兰思仁 2004)。各类森林公园为社会公众提供了良好的户外游憩空间。

城郊森林公园是按地理区位分类的一种类型。目前,国内学者对城郊森林公园的概念与地域界定还没有统一,多数以城市型森林公园、近郊型森林公园、远郊型森林公园称呼。笔者认为,城郊森林公园是指位于大中型城市市区或郊区,一般距市中心50 km之内的森林公园。由于城市化进程导致城市市域范围不断扩展,原来有些森林公园地处城市郊区现可能地处城市市区,如南京紫金山森林公园原处"东郊",现已成为城市森林公园,因而从地域范围来看,区别大中城市市区及离市区相对较近的城市郊区森林公园已有一定的难度,并且从市民一日之内往返近程休闲旅游的角度看待也没有严格区别的必要,所以本书把大中型城市市区或郊区的森林公园统一称之为城郊森林公园。

城郊森林公园森林景观优美,留存旷达突出的自然生态环境,成为以经济发展为核心的现代大中城市的稀缺产品,同时城郊森林公园临近城市历史发展核心,与城市居民生活有着悠久的文化渊源,文化脉络清晰,名胜古迹相对丰富,人文景观集中,这是边远山区的森林公园所不能比拟的。

2.1.2　休闲旅游诠释

2.1.2.1　休闲

要理解休闲旅游,首先应理解休闲的内涵(杨财根 2006)。概查休闲的定义,休闲可从三个方面进行理解:(1)休闲作为时间,是当工作约束、睡眠及其他基本需求被满足时个人可以自由利用的时间;(2)作为一种社会活动,休闲是人们除了常规从事的事务以外的时段中的任何一种消遣活动;(3)从存在方式看,休闲就是亚里士多德所说的"不需要考虑生存问题的心无羁绊"的状态。美国休闲学研究专家杰弗瑞·戈比认为,休闲是"从文化环境和物质环境的外在压力下解脱出来的一种相对自由的生活,它能使个体以自己所喜爱的、本能地感到有价值的方式,在内心之爱的驱使下行动"。

由此可见,休闲主要是指自由时间、消遣活动、内心自由的生活存在,或这三种因素的融合。休闲是一种体验和享受,这种体验能使生命和生活更富有价值,是一种让自己的创造力充分发挥出来的状态,一种进入自由境界的状态。任何生活存在必然涉及消费,消费是由人的欲望引起的利用时空与吸收客观的物质存在、以满足人类需要的行为和过程。贝克尔(Becker)指出,不应把休闲作为一个独立范畴,所有休闲都含有某种消费,人们不是在工作和休闲之间选择,而是在不同的消费活动之间抉择,市场活动时间(工作)与非市场活动时间(休闲)的最佳组合可以使消费者获得最大效用。因此,休闲是人们生活中的一种消费活动。

休闲消费是个人发展成熟和社会可持续发展的重要内容,并且与每一个社会成员的健康生活相关。休闲是居民的基本权益,也是社会所应提供给居民的一种福利(Harshaw 2007)。休闲生活的普及化是社会发达的产物与社会和平民主的见证,休闲体现人的自身生命的和谐、人与自然的和谐、人与社会的和谐及人与人的和谐,享受和提升这种和谐是休闲的真谛,大力发展休闲产业能促进和谐社会较快的发展(王忠丽 等 2007)。中国社会目前具备发展休闲产业的客观条件,发展包括休闲旅游在内的休闲产业是和谐社会的战略决策。

2.1.2.2　休闲旅游

目前国内外对休闲旅游的概念表述还不是很普遍,对其含义的理解也并非一致。休闲本质在于满足基本生活需求之外的发展与享受需求,在空间上包括自己家内纯粹消遣活动、社区与市民广场等游憩活动,也包括外出到某些景点景区的旅游消费活动。旅游是人们在异地进行短暂访问旅行等活动形式的总称,旅游具有三方面特征:(1)离开居住地点一定的时间和距离;(2)具有明确的动机;(3)是一种社会现象。异地性、短暂性是旅游的基本特征,离开日常生活地点、非工作性质的旅行属于休闲的范围,除却商务、会议等工作性质的旅行活动的旅游行为与休闲相符合,因而人们到本地景区景点如城市公园、风景名胜区、森林公园等的活动行为都可视为具有休闲性质的旅游活动。休闲与旅游相关,休闲包含旅游,部分旅游活动具有休闲的成分,休闲旅游就是以休闲为主要目的的旅游消费活动,其范畴是休闲与旅游的融合,是休闲生活在旅游活动中的体现(图 2-1)。

休闲旅游重在休闲,是"从文化环境和物质环境的外在压力下解脱出来的一种相对自由的生活",是行为主体为了获得一种有别于日常工作生活之外的相对自由的生活体验,是到一定

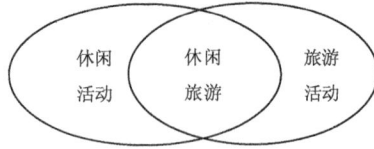

图 2-1　休闲旅游的界定

情境中恢复身心、发展自我、充实精神的生活方式,是一种"成为人"的人生成长成熟完善过程。休闲旅游在于寻求一种无"羁绊"的情境,异于"到此一游"的"炫耀性"旅游方式,休闲旅游者到景区旅游是渴望体验到比现实更"美"的景象,寻求一个能释放压抑情绪、舒展心情的休闲空间。休闲旅游涉及社会文化、经济发展、城市生活及资源环境等多种因素,城市居民往往利用周末、节假日等到市区、郊区或更远的观光旅游地进行半天或一天以上的休闲旅游(游憩),形成了由近及远的游憩时空体系(图 2-2)。城郊森林公园作为城市的稀缺产品,相对幽静的自然生态环境恰好迎合了大量城市居民外出休闲旅游的渴求,是城市居民游憩时空体系的重要组成部分。

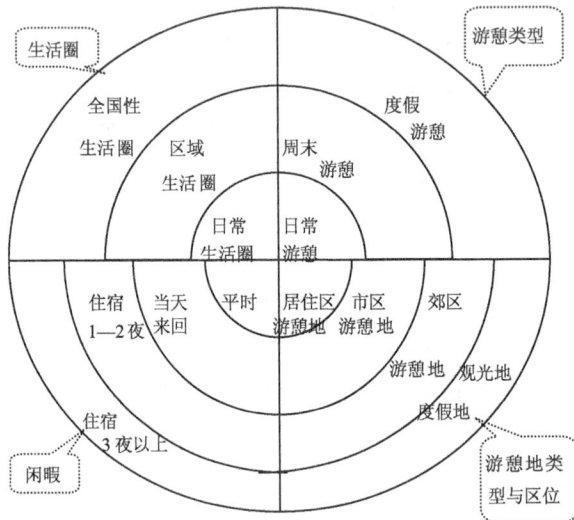

图 2-2　游憩时空体系与生活圈

(资料来源于吴承照(1997))

2.2　城郊森林公园旅游规划相关理论

2.2.1　比较优势

2.2.1.1　比较优势理论

比较优势理论始于亚当·斯密的绝对优势学说,比较优势的概念是罗勃特·托伦斯 1815 年提出的。但李嘉图被公认为是比较优势理论的创始者,他在 1817 年发表的《政治经济及赋税原理》中阐述了比较优势理论。比较优势的思想可以概括为"两优取其重、两劣取其轻"。李嘉图对比较优势理论的阐述形成了比较成本理论,在李嘉图模型的基础上,瑞典经济学家伊莱·赫克歇尔和伯尔蒂尔·俄林的要素禀赋理论从新的角度说明了比较优势产生的原因,标志着比较优势理论的最终形成。

赫克歇尔－俄林要素禀赋理论(简称 H-O 理论)主要思想是各国应该出口自己相对丰富、价格相对便宜的生产要素生产的产品,进口自己相对短缺、价格高的要素密集生产的产品。战后许多学者在成本、技术、要素的动态变动中诠释比较优势的变动,也有从规模经济和分工、交易成本角度去分析比较优势产生的原因(郭界秀 2007)。比较优势原则不仅适用于不同国家经济之间,对于一国内部不同地区、不同企业也同样适用(林毅夫 等 2003)。

2.2.1.2　比较优势理论对旅游规划的指导价值

比较优势理论对旅游规划具有重要指导价值。旅游规划缺乏相应的理论指导,规划者往往把区域旅游业动态的、非线性的博弈过程看成是一种静态的、线性的发展过程(刘旺 等 2006)。现阶段大多数旅游规划缺乏对区域旅游要素的系统分析,往往把规划区域看成是孤立的和封闭的,仅在规划区域内进行旅游开发要素的优、劣势评价,没有进行区域间的对比分析。根据比较优势理论,各个区域应当分析该区域旅游发展的资源要素禀赋,寻找其中的比较成本,根据自己所具有的比较优势规划开发旅游产品。

对景区规划而言,对景区景点资源在一定区域系统中比较优势的分析应该是旅游规划的起点,这也是保证旅游可持续发展的基础。旅游规划的比较优势分析主要体现在三个方面:

(1)旅游资源。旅游资源的比较优势是旅游规划的动力,也是旅游效益产生的基础。景区旅游规划应该寻找景区旅游资源类别、数量跟区域间其他地方类似旅游资源相比存在的比较优势,然后进一步分析景区内部哪些旅游资源具有比较优势。

(2)区位条件。区位条件的优劣直接影响主要旅游客源旅游行程的比较成本,因而区位条件主要包括包括旅游规划区域在一定区域间范围内交通的比较优势和客源区位条件,它影响区域旅游资源的比较优势向旅游市场优势的转化。

(3)区域社会发展。旅游景区景点的旅游健康发展不能成为"独岛",必须依赖与旅游区域社会的发展。从旅游供给的角度看,旅游景区周边社区的社会经济、社会文化的发展程度影响了旅游发展效益。从旅游需求来看,旅游规划开发区域的社会经济、文化、居民素质及其旅游偏好等能衡量该区域旅游市场发展潜力。

2.2.2　旅游可持续发展

2.2.2.1　可持续发展理论

可持续发展是人类发展在认识环境与经济发展博弈之间的战略选择,是人类针对全球面临的生态危机而提出的一个全新理念。可持续发展既有别于不讲自然成本的传统发展观,又不同于消极保护自然的零增长观念。在单纯追求经济的发展中,环境污染、资源破坏等坏境问题全球化蔓延,引发了人类对传统发展模式的质疑和对自身发展问题的反思。

"可持续发展"的概念是 1987 年世界环境与发展委员会(WCED)在向联合国提交的《我们共同的未来》研究报告中正式提出的,该报告指出,可持续发展的核心是"既满足当代人的需要,又不损害后代人满足需要的能力的发展"。可持续发展的目的,一是为了不断改善和提高人们的生活质量;二是更充分地满足当代和后代的需要;三是促进社会文明和进步。这一发展概念正式提出后,立即得到国际社会的广泛认同和接受。1992 年联合国环境与发展大会(UNCED)后可持续发展成为许多国家政策制定的指导思想和战略选择。

可持续发展理念包含三个要素:(1)人类需要,包括基本需要和高层次需要;(2)资源限制,可持续发展要考虑环境与资源的承受能力,达到天人关系之间的长远协调,做到生态经济与社会的协调发展及发展规模与生态环境承载力的协调发展;(3)公平,包括代内公平、代际公平、资源利用和发展机会公平三个方面。

可持续发展理论实质上包含了三层涵义:(1)经济可持续发展,可持续发展强调不仅应重视经济增长的数量,更要关注经济发展的质量;(2)生态可持续发展,可持续发展重点强调经济发展的同时必须保护、改善和提高全球的资源与环境质量;(3)社会可持续发展,可持续发展的核心是人的自由全面发展,人的全面发展既是可持续发展的起点,又是可持续发展的归宿,既是可持续发展的表现形式,又是可持续发展的实质内容。可持续发展要求人类在追求经济效益的同时,追求生态和谐与社会公平,最终实现人类的全面发展。

2.2.2.2 旅游可持续发展

随着旅游业发展,旅游业对环境的消极影响逐步显现,旅游业给各国各地区带来的环境污染和环境破坏日益严重,直接影响到旅游业的发展和其他经济发展和人类社会生活。基于此背景,可持续发展理念被应用到旅游领域,形成了旅游业的可持续发展理论。1995 年"世界旅游可持续发展会议"通过了《旅游可持续发展宪章》及《旅游可持续发展行动计划》,成为旅游可持续发展的纲领性文件。1997 世界旅游组织等在联合国第九次特别会议上正式发布了《关于旅游业的 21 世纪议程》,明确了旅游业可持续发展的目标,由此可持续旅游完成了理论的奠基和与实践的对接,世界旅游发展进入了可持续发展阶段。

作为可持续发展理论在旅游领域的具体体现,旅游可持续发展的实质是要求旅游与自然、文化和人类生存环境成为一个整体,即旅游、资源、人类生存环境三者的统一,以形成一种旅游业与社会经济、资源、环境良性协调的发展模式。旅游业可持续发展体现了公平要素,强调了旅游发展的代内公平和代际公平。在资源稀缺的时代,旅游发展保护资源就是保护他人的经济发展与社会生活,更是为后代旅游发展和满足高层次的社会生活需求留存更大发展机会与发展空间。因而对资源与环境的保护就成为旅游可持续发展的基本出发点。这要求发展旅游业必须注重资源限制,关注生态可持续发展,考虑生态环境的承载力,在追求经济发展的基础上,注重社会可持续发展。

旅游可持续发展要求旅游发展符合环境要求,不仅要尊重当地的社会与自然结构,而且要尊重当地的居民,应担负更多责任,接受生态保护等原则和目标(表 2-1)。

旅游是许多地区发展社会经济和改善人民生活的重要因素,是人类最高和最深层的愿望。旅游业赖以发展的旅游资源是有限的,发展旅游有助于密切人际关系,促进人类和平,使人类理解并尊重文化和生活方式的多样性。随着现代生活节奏的加快和公众环境意识的不断提高,人们对"回归自然、享受自然"的愿望日益增强,满足人们享受自然旅游愿望,保证旅游可持续发展的最佳旅游方式是生态旅游。

表 2-1　旅游可持续发展的原则与目标

原则与目标	主要内容
生态保护	旅游发展必须使各类资源免遭破坏。旅游活动的主要参与者坚决遵守生态维护行为规范,是形成有责任感的旅游活动的有效方法,是旅游持续发展的根本所在
渐进发展	可持续旅游发展要求旅游与自然、文化和人类生存环境成为一个整体,不能破坏这种脆弱的平衡关系。应选择能保证中期和长期可持续发展的旅游形式,旅游发展应当循序渐进
方法革新	应该用可持续发展的方式对旅游业加以计划和管理。我们必须尽最大的努力创造出一套完整的规划与管理方法,将所有行之有效的合作和管理方法统一起来,包括技术革新方法
公平分配	在发展旅游业时,必须遵循公平合理的原则,使利益和成本在旅游促销人员和目的地及其居民之间得到公平分配。迫切需要提出一些方法,以便更加合理地分配旅游收益和旅游费用
信息公开	应该让当地居民了解旅游开发信息。对旅游和环境负有责任的政府、政府机构和非政府组织应当支付并参与建立一个开放式信息网络,以便交流信息,开展科学研究
社区参与	在制定旅游发展战略的过程中,应该鼓励和期望当地居民在政府、企业、金融机构和其他部门支持下,在旅游规划和开发中发挥领导作用
科学论证	在任何重大项目开始前,应该对环境、社会和经济的综合规划进行分析,必须仔细讨论研究旅游开发的不同类型及其现行的资源利用方式、生活方式和环境因素的关系
改善生活	可持续发展的基本原则,是实现经济目标和社会发展目标相结合,所有可供选择的旅游发展方案都必须有助于加强与社会文化之间的相互联系,并产生积极的影响,有助于提高人民的生活水平

注:资料来源于《旅游可持续发展宪章》及《旅游可持续发展行动计划》(1995)。

2.2.3　生态旅游

生态旅游是对旅游无序发展的反思,也是旅游可持续发展的佐证。生态旅游是 1965 年赫特泽(Hetzer)在反思当时文化、教育和旅游的基础上提出的旅游发展思路(Fennell 1999)。谢贝洛斯·拉斯喀瑞(Ceballos-Lascuráin)1983 年正式提出"生态旅游"一词,他认为,"生态旅游就是前往相对没有被干扰或污染的自然区域,专门为了学习、赞美、欣赏这些地方的景色和野生动植物与存在的文化表现(现在和过去)的旅游"(Ceballos-Lascuráin 1987)。他强调生态旅游的区域是自然区域。1992 年"联合国环境与发展大会"之后,生态旅游作为旅游业实现可持续发展的主要形式在世界范围内被广泛地研究和实践。

中国面对旅游经济快速发展的同时也逐步意识到旅游资源遭到频繁破坏和消失,旅游活动使旅游地的生态环境遭到破坏,部分理智的旅游消费者也纷纷反思与担忧旅游资源开发的广泛蔓延。实质上毫无节制的旅游发展阻碍了旅游业的持续发展,旅游业必须从"资源掠夺型"发展方式向"可持续型"发展方式转变。1999 年中国推出"生态旅游年",生态旅游理念开始在中国人心中快速蔓延。在全球环境危机、人们"生态觉醒"的大背景下,生态旅游的思路对旅游业产生了较大的影响。

生态旅游的主要对象是自然环境或是以一些自然环境因素为基础的景观,生态旅游成为一种旅游理念渗透到旅游者的旅游活动与旅游投资主体的规划开发行为中,包含对自然资源的保护,也包含对文化因素的理解与保护,这样有助于以环境教育或自然知识普及为生态旅游核心内容,更好地理解、欣赏与更负责任的保护自然和文化紧密结合的人类生存环境。城市和集中居民区的居民是生态旅游的主要消费者,也是理解与体验生态旅游的主要实践者。城市居民为了解除城市恶劣环境的困扰,需寻求人类最佳生活环境,城市周边是生态旅游规划开发的最佳地域。

2.2.4　利益相关者

利益相关者是指能够影响组织目标实现或者被这种组织目标实现结果所影响的团体或个人。利益相关者理论的基本出发点是企业的社会责任。该理论认为任何一个企业的发展都离不开各种利益相关者的投入或参与,企业追求的是利益相关者的整体利益,而不仅仅是某个主体的利益。利益相关者理论将企业的社会责任渗透到企业管理中,提供了一种全新的管理理念和模式。

利益相关者理论从 20 世纪 80 年代开始引入旅游研究领域。20 世纪 80 年代中后期,旅游发展中的平等参与、民主决策、组织协作等问题日益凸显,利益相关者理论强调社会责任,恰好与旅游业所面临的种种困惑相呼应,因而在旅游规划、旅游企业管理与旅游经济研究中得到了积极响应。

旅游规划的利益相关者涉及旅游发生地和旅游目的地的政府组织及非政府组织、旅游开发商、旅游景区景点及相关企业、旅游企业员工、社区居民、自然环境、社会环境等(黄昆 2004)。亨特(Hunter)认为,旅游规划由于牵涉到不同利益群体,所以要注意各种平衡利益的协调,旅游规划应该是使旅游和其他部门的目标共同实现的过程(Hunter et al. 1995)。城郊森林公园旅游规划在满足森林公园利益的基础上,满足旅游者的休闲旅游需求,应避免给森林公园周边环境带来生态破坏和空气污染,考虑当地社区的利益,同时考虑当地政府与城市居民的利益,推动城市旅游的发展,为城市居民提供休闲便利,与其他旅游企业等利益相关者共同实现旅游与社会的可持续发展。

2.2.5　社区参与

随着相关利益者的深入研究,社区相关研究不断深广。社区参与是公众参与的一部分,社区参与基于对当地居民知识、技能和能力的重新认识和公正认识,并给予其充分的尊重,其核心是赋予当地公民基本参与权利,体现机会均等,即通过居民发言权、决策权来培养自信、自尊和社区自我发展的能力。社区参与注重过程而不是结果,其目的是建立社区居民的主人翁意识和公平、公正的管理机制和和谐关系,在相互尊重、平等磋商及分享经验的基础上,寻找共同的利益和兴趣,寻求社区的长远发展。

1985 年墨菲(P. E. Murphy)首度把社区参与引入旅游业,他提出旅游发展要尽力让社区参与到旅游规划中。社区参与旅游规划是指在旅游规划的决策、旅游定位、旅游经营管理等旅游规划过程中,充分考虑社区的意见和需要,并将其作为主要的开发主体和参与主体,以便在保证旅游可持续发展方向的前提下实现社区的全面发展。社区参与是使旅游地社区获利于旅游而不是受利于旅游,使社区参与由原来的被动参与转变成了主动参与(胡志毅 等 2002)。社区参与旅游发展是把社区作为旅游发展的主体进入旅游规划、旅游开发等涉及旅游发展重大事宜的决策、执行体系中。社区参与的旅游发展是旅游可持续发展的一个重要内容和评判依据（刘纬华 2000）。

在社会转型背景下，社区参与旅游规划，旅游规划把社区作为利益相关者的主体，给予社区在利益上的充分考虑，让社区公平地分享旅游效益，能最大程度避免景区景点与社区的冲突。社区参与把旅游地居民作为旅游地规划中的重要影响因素和规划内容本身的一部分，充分考虑了居民在当地旅游业发展中的作用。社区参与旅游规划不仅能便利社区居民参与旅游活动，改善社区居民的生活质量，而且能使旅游发展目标与社区发展目标一致起来，并还有可能促进当地社会经济的全面发展。

2.2.6　福利经济学

福利经济学研究的主要内容是效率与公平两个方面，从某种意义上讲，就是研究如何在效率与公平之间进行权衡。效率与公平的最优组合是福利经济学所追求的基本社会目标。福利经济学作为经济学与伦理学的结合体，它依据一定的价值判断，确定经济体系是否符合既定的社会目标方面。福利经济学认为，福利分为个人福利和社会福利，而社会福利是指一个社会全体成员的个人福利的综合或个人福利的集合。福利经济学一方面是研究社会的资源配置在什么条件下达到最优状态，如何才能达到最优状态；另一方面是研究国民收入如何分配才能使社会全体成员的经济福利达到最大化。因此，福利经济学家一致认为，实现资源的最优配置是增进社会福利的基本途径。

旅游规划的目标是提高旅游业的综合效益。旅游业关注经济发展的"效率"，旅游业涉及社会的各个方面，同时旅游活动是人们生活的重要组成部分，特别是休闲旅游是调节人们身心健康，促进人们自我价值实现的重要内容。而自我实现是人们为了满足自己的生存、享受和发展的需要，实现自身价值的社会实践活动过程，是人们发展的主体能动形式，是人们获得幸福感，达到人类实现"可持续性"幸福生活的重要内容。幸福感是由人们所具备的客观条件及人们的需求价值等因素共同作用而产生的个体对自身存在与发展状况的一种积极的心理体验，是满意感、快乐感和价值感的有机统一，人类幸福感建立在社会规范的基础上，没有社会规范就没有人类幸福感（刘浩 2008）。因而，旅游业需权衡社会各方面的可持续发展，满足人们的生活需求，"公平"是旅游业发展的必然要素。

城郊森林公园旅游规划不可避免地要追求旅游经济的"效率"，但近些年来旅游环境的恶化与旅游资源的损坏情况日益严重，同时城市居民的环保意识日益增强，保护旅游资源，维护旅游业的代内公平与代际公平呼声日益高涨，旅游规划应更加重视"公平"要素，协调利益相关者的各方关系，加强社区参与的措施与渠道，提高城市居民的幸福感，实现旅游业与社会的可持续发展。

第3章 城郊森林公园休闲旅游驱动机制

3.1 森林生态环境迎合城市居民休闲旅游需求

3.1.1 森林公园资源与环境优势拉力牵引

森林是陆地生态系统中分布范围最广、生物总量最大的植被类型,是"绿色基因库、物种宝库",有林相、古树名树、奇花异草等植物景观与一些鸟兽鱼虫动物景观等共同构成的生物景观;有奇峰怪石等地文景观;有溪、泉、瀑、潭等水域风光;部分景区还有霞光异彩、云雾冰雪等天象与气候景观。从资源要素禀赋来看,城郊森林公园天然的森林资源在城市旅游地域范围内属稀缺性资源。

城郊森林公园大面积绿色植物形成现代城市的"肺",其自然生态环境是城市居民理想的"栖息地"。植物放出的氧气使得整个森林形成一座规模宏大的"天然氧吧"。许多植物都能吸收空气中的有毒气体,对空气有"消毒"和清洁作用,其中 1 hm^2 阔叶林可消耗二氧化碳 1 t,释放氧气 0.73 t。绿色植物能减少空气中各种细菌、病原菌等微生物对人们身体健康的侵害,从而能减轻大气污染,如松林放出的臭氧能抑制和杀死结核菌,每 hm^2 吸尘量达 96 t,大量绿色植物能保持森林公园空气新鲜。

近年来空气负离子含量高是森林生态旅游快速发展的一个重要因素,空气负离子具有广泛的生理生化效应和功能,被誉为空气维生素和生长素,它调节人体和动物的神经活动,调节人的情绪和行为。研究表明,空气负离子浓度达到 8000 个/cm^3 以上时,就具有了治疗功能。森林的负离子浓度可以高达 2 万个/cm^3,对人们身心健康非常有利(章建斌 等 2005)。森林公园中的大片森林还能阻隔放射性物质和辐射的传播,阻隔噪音,调节小气候,给人们创造一个清新幽静的自然生态环境。

3.1.2 城市化问题推力效应

城市化表现为城市地域范围的不断扩展,城市化的经济增长过程是推动城市化的内在动力,城市化的人口集散过程和空间扩张过程是城市化的外在表现。城市化与生态环境的关系协调问题已成为世界性的战略问题,世界卫生组织指出世界正面临着自然环境的严重恶化和生活在城市环境中人们生活质量的加速下降这两大问题。A. J. Mcmichael 指出,城市化将以一种重要的形式危害人类的生存环境和健康,城市的扩张、工业的增长及其人口的增加,给当地生态环境带来许多压力(方创琳 等 2008)。

城市发展依赖于生态环境的各种自然资源基础要素,同时对生态环境产生一系列的破坏。

城市化导致生态植被遭受大量破坏,水源地受到污染,生物多样性逐渐丧失,并进一步导致城市热岛效应,同时由于城市建设,"水泥森林"遍布城市,严重的空气污染、水污染、噪声、辐射污染渗进城市居民的生活环境,一些大城市和特大城市,如广州、南京、北京、上海、武汉等城市较为严重,严重的空气污染给城市居民的呼吸系统及其他免疫系统健康状况带来非常不利影响,数据显示一部分 50 岁以上广州人的肺脏呈黑色(刘正旭 等 2008)。

城市化发展对城市旅游环境造成重要冲击。城市大面积建设新城区、努力改造老城区、增设人造景观等创造物质文明和改造人文环境。但城市改扩建同时消耗甚至破坏城市极为稀缺的自然资源与自然环境,由于短期经济利益驱动,重城市开发建设、轻资源与环境保护现象严重,导致建设性破坏旅游资源与环境的现象普遍存在,如杭州西湖曾经因周边建设被污染严重、西安植物园遭建设性破坏等。城市建设使许多珍贵的历史文化古迹惨遭破坏甚至荡然无存,致使城区景区景点旅游吸引力明显下降。

城市自然生态环境的恶化与高密度繁闹的人类活动降低了人类生存的适宜程度,同时社会经济的发展与日益加快的工作节奏促进了城市居民消费行为发生变化,他们日益重视生活质量、关注身心健康,而户外休闲旅游作为一种可以缓解生活压力、促进身心健康的良好方式,正好可以在一定程度上摆脱城市问题的困扰。由于城市文化景区景点空间狭小,旅游资源相对固定,对城市居民来说重游率不高,因而户外空旷的自然区域受市民青睐。根据 2004 年与 2005 年的调查资料,上海、武汉、成都三地居民周末选择风景区、公园、广场、绿地等户外比例比平时(周一至周五)显著上升,选择比例和休闲场所选择排序分别是上海 15.87%(第 2)、武汉 17.59%(第 1)、成都 21.52%(第 2),而节假日选择风景区、公园等为核心户外场所选择率分别是上海(29.37%)、武汉(37.69%)、成都(42.19%),并且三地此项选择率都为第 1(楼嘉军 等 2007a)。

3.1.3　推拉动力耦合效果

城市是社会发展的浓缩体,在以经济发展为主导的现代社会,城市化现象趋势明显,城市范围日益扩大与城市居民人口日益增多的态势不变,城市的生态环境问题在短期之内难以有大的改善,进一步增加了居民改善生活环境的压力,同时社会发展居民休闲意识主动增强与休闲客观条件日益成熟,城市居民对身心健康的关注、对生活质量改善的追求必然推动城市居民外出到城市公园、人文景区景点、自然景区等地休闲旅游,其中自然景区成为市民首选,如湘潭市居民选择旅游休闲最偏好清净而且空气好、自然美景集中的环境(许春晓 2003)。因城市大区域面积森林景观较少,人造景观与历史文化景观是城市旅游资源的主体,城郊森林公园比城市其他景区景点具有一定的比较优势,恰好迎合了市民外出休闲旅游的需求,其丰富的天然森林资源、空旷幽静的森林生态环境及其负离子含量高等对市民身心健康有利,成为吸引市民前往休闲旅游的重要拉力。城市居民外出休闲旅游推力作用与森林公园吸引市民休闲旅游的拉力作用相互耦合形成城市居民至森林公园的旅游流(图 3-1)。

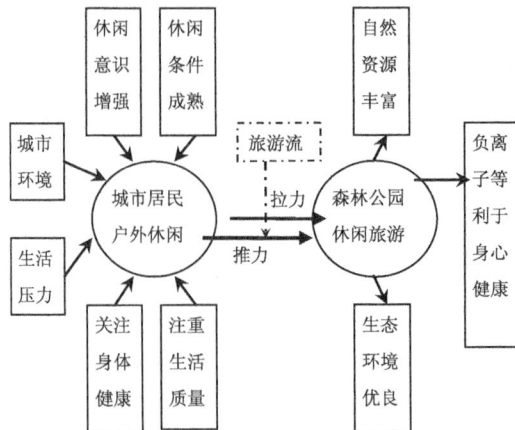

图 3-1　城郊森林公园的市民休闲旅游流

3.2　城市旅游"核心—边缘"理论效应与城郊森林公园旅游区位优势

3.2.1　城市旅游"核心—边缘"理论效应

根据"核心—边缘"理论,任何一个国家或地区都存在一个旅游的核心区域与边缘区域,旅游核心区域不完全是指地理位置上的一个区域最中心的那部分,而是指那些具有特色旅游资源优势或者区位优势的旅游热点地区,而边缘区域则是指那些没有特色旅游资源,或虽然有特色旅游资源,但是因为区位条件不好还没有开发出来的地区(张培 等2007)。

"核心—边缘"理论对于城市旅游的空间布局和空间结构变化具有非常重要的指导价值。城市旅游由于城市旅游供给资源与市场演变及城市居民休闲与旅游需求发展在空间上形成核心区域与边缘区域。城市休闲与旅游核心区域与边缘区域可能由一个或多个游憩中心地组成。游憩中心地是指能让居民休闲旅游一定时间的地域,是一个融观光、休闲、娱乐、购物、交通、服务等各项功能于一体的综合体(吴志强 等2005)。

从供给角度来看,城市旅游首先遵循资源导向旅游规划开发,资源禀赋较高对旅游者具有吸引力的城区自然和人文景区景点首先成为游憩中心地,此类景区景点易发展为城市旅游的核心区域,如杭州的西湖景区、上海外滩观光带等。资源优势在一定程度上可以减轻旅游规划开发的成本,当资源禀赋较高的自然与人文景区景点进入旅游市场发展期时旅游效益已凸显或达到饱和或下降时,城市旅游偏向规划开发资源价值较低但开发成本较高或资源价值较高但位置相对远离城市社区中心的城市郊区地带,进而形成城市旅游的边缘区域。当然城市是多核的,随着城市的扩展及旅游市场的发展,城市主城区边界外延,社区分布相对分散,人口布局随之也发生变化,根据核心与边缘空间结构变化理论,城市旅游核心区域较边缘区域更具有发展优势,但是随着旅游核心区域扩散作用的加强,旅游边缘区域会进一步发展并可能成为次级核心或核心区域,新的边缘区域也可能形成。

从需求角度看,城市居民的日常休闲区域一般是居民小区及社区附近的市民广场、城市公园等活动场所。随着市民对有益身心健康的休闲设施与休闲环境的需求日益增强,市民的休闲需求便寻求能带来更多休闲效益的区域,居民的休闲范围也就随之扩大。相对偏远的城市公园及以自然为特色的森林公园、风景名胜区等游憩中心地成为城市居民休闲旅游的核心区域。同时由于城市文化氛围相对浓厚,城市居民外出旅游偏好环境良好的自然景区(吴必虎等 1997),城市郊区森林公园、风景名胜区等市域观光游憩地带便以其特有的区位优势迎合了城市居民的休闲旅游需求,此区域成为城市居民休闲旅游的边缘区域。由于核心与边缘边界变化,相对于更远景区来说,此区域极易成为城市居民周末与节假日休闲旅游的核心区域,距离更远的景区便成为城市居民休闲旅游的边缘区域。

　　城市旅游供给与城市居民休闲需求的相互作用,城市旅游的核心区域与边缘区域便形成了(图 3-2)。但就具体的城市而言,由于其旅游供给与旅游需求的影响因素涉及城市历史文化格局、城市社区与人口分布、市民休闲消费方式、旅游资源、旅游开发与旅游消费成本、地理区位、城市规划战略等,城市旅游的核心区域与边缘区域的空间格局各有特点。如上海旅游呈现"一区、二带、三圈"空间格局:"一区"是反映上海都市旅游特色即上海 RBD 地区;"二带"指黄浦江水上旅游廊带和链接浦东与虹桥两个空港的高架道路和地铁组成的陆上旅游廊带;"三圈"指都市中心旅游圈、环城社区文化旅游圈和远郊休闲度假旅游圈(汪宇明 2002)。

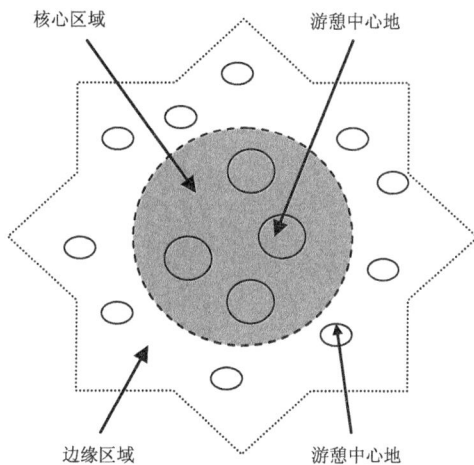

图 3-2　城市旅游核心区域与边缘区域

3.2.2　城郊森林公园旅游区位优势

　　区位是解释地域因素如何决定并影响人类活动空间分布的理论,或是寻找最优区位以满足地域因素约束而获得最优发展的决策方法,是关于人类活动空间及空间布局的学说。旅游区位存在于一旅游地与其他旅游地的位置和空间关系中,包括资源区位、客源区位和交通区位等因了,它对某些旅游地的规划开发方向、旅游发展前景有着至关重要的影响乃至决定性的作用(谌莉 等 2002)。

　　资源区位是从旅游区域空间看待某旅游景区景点旅游资源在周围市场吸引力或相对价值,是基于旅游资源地理区位的区域内和临近地区旅游业竞争态势的分析。根据本章 3.1.1 对森林公园旅游资源及其由森林形成的良好自然生态环境分析,由于城市大面积森林景观较少,城市主要旅游资源吸引力在于历史和当代社会文化,历史文化名城历史遗址遗迹最具旅游价值,现代都市的都市社会生活是其旅游魅力所在,但这些资源的吸引力主要对外地旅游者具有市场价值,对本城市居民旅游吸引力相对较低,另外,城市环境是推动城市居民到自然景区景点休闲旅游的重要力量(见本章3.1.2),因而城郊森林公园的森林资源属稀缺性资源,在城市旅游区域相对价值较高。

客源区位是从客源地空间分布来看周围旅游景区景点的吸引力及可达性,是基于旅游资源的市场区位与主要旅游客流关系的分析。城市人口数量大并聚集度高,是城市旅游景区景点的主要客源,城郊森林公园地理区位对吸引城市居民休闲旅游优势明显。城市森林公园由于地处城区,离城市社区距离较近,是附近社区及交通便利社区居民的休闲核心区域,周末与节假日比城市市民广场、商业游憩中心等城市旅游者聚集的主要场所更具旅游吸引力。根据客源市场呈距离衰减规律,随着旅游目的地与客源地之间距离的增加,旅游者在旅游费用和休闲时间的限度内,首先选择接近客源地的旅游景区景点来满足自己的旅游需求。城市郊区森林公园在城市旅游的边缘区域比更偏远的景区景点更具区位优势。

交通区位是从客源地至旅游目的地的交通便利角度评价与周围旅游景区景点的吸引力及可达性,是对旅游交通的市场区位与主要旅游客流关系的分析。现代城市为满足城市居民的工作、生活需要,交通规划已是城市规划的重点内容,重点景区景点的公交通行政策已在城市实现,市民多数乘公交就可到城郊景区旅游。同时距离较近也意味着旅游成本相对较低,因而城郊森林公园因交通区位优势成为市民休闲旅游首选。如南京的紫金山森林公园、上海的共青森林公园、福州国家森林公园都成为当地市民休闲旅游的核心区域。

3.3　城市居民休闲消费成本与休闲旅游决策驱动

3.3.1　休闲消费成本构成

休闲是一种生活体验,任何生活存在必然涉及消费,消费是由人的欲望引起的利用时空与吸收客观的物质存在、以满足人类需要的行为和过程。凡是能满足人的欲望,满足人们需要的客观物质存在和活动,都构成人类消费的内涵。因此,休闲就是居民生活消费的一种,也就是说休闲属于被消费的客观对象,所以休闲应作为一种消费活动。任何消费活动涉及收益与成本,外出休闲活动是一种消费行为,居民在进行休闲旅游决策时依赖于休闲消费成本。外出休闲消费成本主要包括经济成本、时间成本、体力成本与心理成本,居民一次休闲活动的消费成本就是这次休闲活动过程中产生的经济成本、时间成本、体力成本与心理成本的总和(杨财根2006)。

经济成本是休闲消费成本中唯一的显性成本,也是唯一的可以用数量如实确定的成本因素。实质上,经济成本只是休闲消费的其中一种成本,这种成本与个人购买一台彩电在形式上毫无差异,都以货币作为交易工具衡量和支付,主要体现居民在旅途、餐饮、游憩项目等方面的费用。居民外出休闲旅游时需投入一定的时间资源,时间也是一种机会成本,居民一次完整的休闲旅游消费活动过程分为旅途过程与旅游目的地过程,因而时间成本可看成由路途时间与目的地时间构成。从地域上看,休闲消费是异地性消费,因而体力成本是不可避免的一种耗费因素。心理成本是目前为止论述最少的一种成本。城市居民外出休闲旅游主要关注心情愉悦与身体健康,居民选择游憩地和游憩活动的标准是他们是否可以通过游憩行为获得身心的愉悦和疲劳的释放,如休闲活动有收益,居民心理就满意,如休闲活动过程与结果不满意,居民就闷闷不乐并增加心理负担,此处把居民外出休闲心理所承担的忧虑等作为心理成本。经济成本最容易用资金数量衡量,时间可间接用机会成本表达,体力成本与心理成本依赖主观感知,是典型的隐性成本,很难用数量衡量,但这两者的确影响着居民外出休闲旅游决策,因而在分析休闲消费成本时,应考虑体力与心理成本。为方便说明问题,设 C 为居民一次休闲活动的消费总成本,E,T,P,M 分别为经济、时间、体力、心理变动因素,其中,$E=E_1+E_2$,$T=T_1+T_2$,E_1 与 T_1 为旅途中的经济费用与时间消耗,E_2 与 T_2 为旅游目的地发生的经济费用与时间消耗,则 $C=f(E,T,P,M)=C(E)+C(T)+C(P)+C(M)=C(E_1)+C(T_1)+C(E_2)+C(T_2)+C(P)+C(M)$。

3.3.2　城市居民休闲旅游决策的休闲消费成本约束

城市居民外出休闲旅游的旅行距离与旅游目的地决策依赖于休闲成本,只有居民认为其休闲收益大于休闲成本时才会外出旅游。而对居民旅游决策明显影响的消费成本是经济成本与时间成本,这两种成本在其他成本不予考虑或难以预测情况下直接决定着休闲旅游目的地的选择。为便于清晰分析情况,现假设某居民在一定的时间之内(如周末)想去一个环境优美的自然资源型景区休闲旅游,目前有离家由近而远的 I_1,I_2,I_3 三个旅游目的地可选择,这三个目的地的资源吸引力与周边设施环境都满意,可以不必区分。因而分析这三个旅游目的地的消费成本只需比较旅途成本 $C=C(E_1)+C(T_1)$ 即可(图 3-3)。如该居民选择 L_1 交通方式,因旅途需消耗时间,而旅途时间多就导致旅游目的地时间少,现把旅途时间用机会成本表示,其旅途的经济成本和所花的时间成本之和如 L_1 线所示,由 D 点高于预算成本线,$C(I_3)=C(E_1,I_3)+C(T_1,I_3)$,可见 I_3 旅游目的地旅途成本 $C(I_3)$ 高出预算成本,I_3 不在旅游目的地选择范围之内。L_1 线与 I_1,I_2 目的地相交的成本分别为 $C(I_1)=C(E_1,I_1)+C(T_1,I_1)=OF$,$C(I_2)=C(E_1,I_2)+C(T_1,I_2)=OH$,其中 OF 低于预算成本,OH 等于预算成本,I_1,I_2 目的地都可考虑,$C(I_1)<C(I_2)$,I_1 更佳。如该居民选择 L_2 交通方式,I_3 的旅途经济成本与时间成本和为 $C(I_3)=OH$,与预算成本相等,$C(I_1),C(I_2)$ 都低于预算成本,因而 I_1,I_2,I_3 这三个旅游目的地都可考虑,其中 $C(I_1)<C(I_2)<C(I_3)$,I_1 优于 I_2,I_2 优于 I_3。所以在旅游目的地交通环境和资源等环境都一致的条件下,城市居民外出休闲旅游最优决策就是采取就近原

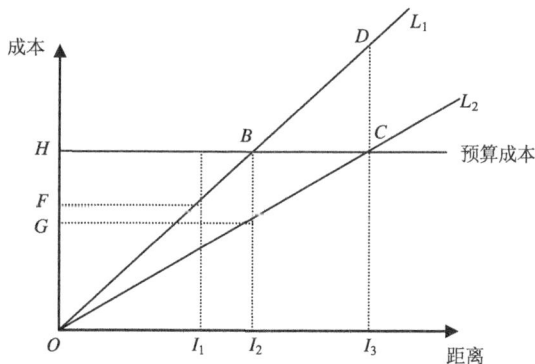

图 3-3　旅途成本模型图

(资料来源于缪蜻晶等(2003),有修改)

则,选择离家最近的旅游目的地休闲旅游。如此种情况下 I_1,I_2,I_3 分别为城市森林公园、城市郊区森林公园、远离城市的其他地方森林公园,则城市居民首先选择离家最近的城市森林公园,而后选择城市郊区森林公园,最后选择远离城市的其他地方森林公园。

如居民外出休闲旅游的旅游目的地不仅距离不同,而且资源禀赋和设备设施等条件也不尽相同,此时居民进行休闲旅游目的地决策时在考虑旅途成本的同时会考虑整个旅游活动的体力成本与心理成本,因而对这种情况,休闲消费成本的经济成本 $C(E)$、时间成本 $C(T)$、体力成本 $C(P)$ 和心理成本 $C(M)$ 都应考虑。

为更现实说明问题,现考虑含家庭出游的休闲旅游目的地旅游决策,同样假设有距离居住地由近而远的三个旅游目的地可选择。分两种情况,一种情况是居民到达旅游目的地的交通情况明朗,即从居民家到达旅游目的地 I_1,I_2,I_3 的交通通畅,交通工具确定(如公交)及旅途时间基本不变。此种情况下旅途的经济成本与时间成本可确定,也就是三个旅游目的地的 $C(E_1)+C(T_1)$ 相当。(1)如果资源吸引力和设备设施等休闲旅游环境 I_1 好于 I_2,I_2 好于 I_3,即效用 $U(I_1)>U(I_2)>U(I_3)$,并且 $C(E_2)+C(T_2)$ 基本一致。由于休闲效用对居民的 $C(P)$ 和 $C(M)$ 影响较大,休闲效益好,居民对 $C(P)$ 和 $C(M)$ 评价较低,此时居民优先选择 I_1。(2)如果资源吸引力和设备设施等休闲旅游环境难以明确比较,则家庭出游会根据经验,考虑孩子与老人的体力成本与心理成本,设备设施等环境好的景区,老人的体力消耗较小。这时家庭选择旅游目的地会综合考虑 $C(E_2)+C(T_2)+C(P)+C(M)$ 的大小。从中可以推出城郊森林公园进行旅游规划,首先要看其旅游资源的吸引力,在旅游资源吸引力与其他景区吸引力相当的情况下,需要通过增加设备设施为游客减少体力成本与心理抱怨等心理成本。另一种情况是居民到达旅游目的地 I_1,I_2,I_3 的交通情况存在差异,即从居民家到达旅游目的地的三个旅游目的地 $C(E_1)+C(T_1)$ 存在差距,由于预算成本相对固定,旅途经济成本与时间成本影响旅游目的地餐饮、门票等经济成本与游玩等时间成本,同时旅途消耗时间长体力空耗大,心里感觉有些浪费等,此种情况计算家庭出游的休闲消费成本更复杂。此时需看此家庭经济状况,如经济状况不好,则此家庭不会太在意其他成本,旅途经济成本在很大程度上影响总体消费成本。如此家庭经济状况很好,则比较范围限于 $C(T_1)+C(E_2)+C(T_2)+C(P)+C(M)$,此时与前一种情况的(1)和(2)分析方法相同。

城市居民外出休闲旅游目的地决策需依赖于休闲消费成本,特别是对于周末与节假日经常到城市公园等城郊景区休闲旅游的市民而言,其成本不尽限于经济支出,更重要的是时间、体力,甚至心理等成本付出。在时间消费有限的条件下,近距离的休闲旅游成为大多数城市居民短期假日的首选,城郊森林公园比其他相对更远的景区景点更具有休闲消费成本优势,成为城市居民短期假日休闲旅游的受益者也是推动者。

3.4　环城游憩带旅游市场效应影响

3.4.1　环城游憩带形成机制

环城游憩带是城市旅游"核心—边缘"理论效应的集中体现,也是城市居民休闲消费成本驱动的体现。环城游憩带是指主要为适应城市居民周末休闲度假需求而形成的一种特殊的城市郊区游憩活动空间。郊区旅游带属于城市旅游地域系统,城市周围娱乐带的发展是对城市化的一种弥补(郭鲁芳 等 2008)。环城游憩带往往在旅游开发成本和旅游者旅途成本的双向力量作用下形成,其中部分地发生于城市内部空间,更多地推向城市郊区(吴必虎 2001)。

　　旅游开发成本与旅游者的成本是推动环城游憩带形成的两个主要因素,作为一个旅游市场的形成,其实形成机制是较复杂的,既有供给方面的因素,也有需求方面的因素。供给方面主要有旅游资源丰富、自然环境优越等因素,需求方面主要有城市居民收入、压力等因素,在空间作用的影响下,旅游供需信息互动共同促进环城游憩带的形成(图 3-4)。

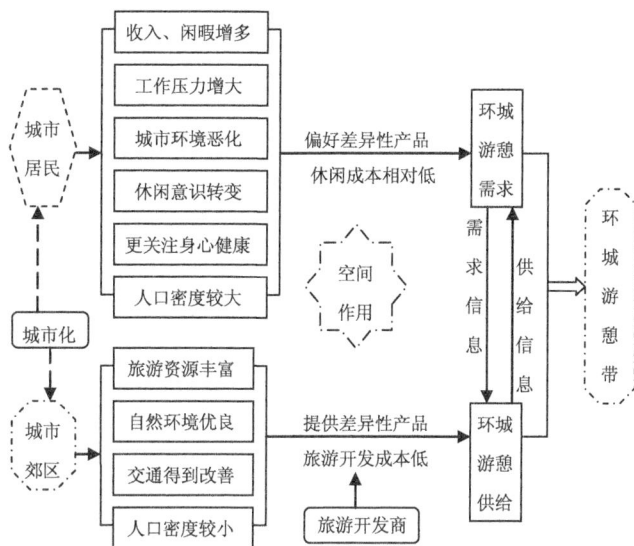

图 3-4　环城游憩带旅游供需形成机制

(资料来源叶文等(2006),有修改)

　　环城游憩带的旅游市场规模形成机制主要取决于旅游目的地对旅游客源地(城市居民社区)的旅游引力。克郎蓬(L. J. Crampon)于 1966 年第一个清楚地证明引力模型在旅游研究中是有用的,他的基本引力模型,也是绝大多数其他研究者应用的基本引力模型(保继刚 等 1993):

$$T_{ij} = G \frac{P_i A_j}{D_{ij}^b} \tag{3.1}$$

式中:T_{ij} 为客源地 i 与目的地 j 之间旅行次数的某种量度;P_i 为客源地 i 人口规模、财富或旅行倾向的量度;A_j 为目的地 j 吸引力或容量的某种量度;D_{ij} 为客源地 i 与目的地 j 之间的距离;G, b 为经验参数。

　　1976 年爱德华兹(S. L. Edwards)和丹尼斯(S. J. Dennis)依据基本引力模型提出了另一个较详尽的距离变量修改形式,他们的距离概念包含的意义已很广:

$$T_{ij} = P_i A_j \exp(-\lambda C_{ij}) \tag{3.2}$$

式中:C_{ij} 为 i, j 之间的休闲消费成本;λ 为经验估计系数。

　　由引力模型可推导旅游目的地的市场规模(主要可由旅游人次数来衡量,即 T_{ij} 可为旅游人次数)与旅游目的地的旅游吸引及客源地人口成正比,与旅游客源地和旅游目的地之间的距离或休闲旅游消费成本成反比。作为环城游憩带客源地的城市人口规模较大、休闲旅游倾向明显(图 3-4),可见在旅游吸引力一定的情况下,环城游憩带的旅游市场规模随离城市居民社区的距离增大而减小,这进一步验证了资源禀赋、区位条件和城市居民的休闲消费成本在环城游憩带形成中的驱动作用。

3.4.2 环城游憩带旅游市场效应

环城游憩带供需形成机制和旅游引力模型表明城市居民外出休闲旅游关注休闲旅游消费成本和旅游目的地的地理区位。相关研究表明中国城市居民外出休闲旅游出现明显的距离衰减规律,60%左右市民出游目的地集中距离城市50 km区域内(图3-5)。并且,城市居民外出旅游偏好环境良好的自然景区,如杭州居民对环城游憩带的吸引物类型,最喜欢的是自然资源型景区,以山地风光与森林为最,达到19.38%(吴必虎 等2007a)。城郊森林公园一般距城市中心50 km内,地处环城游憩带区域之内,属于资源丰富与环境优良自然资源型景区,旅游吸引力强,环城游憩带市场效用进一步推动城郊森林公园休闲旅游发展。

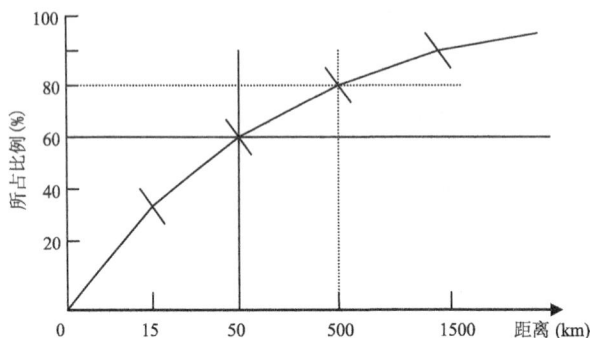

图3-5 中国城市居民出游率在空间上的分割

(资料来源于吴必虎等(1997))

环城游憩带旅游市场聚集效应增强城郊森林公园的旅游吸引力。旅游区域的集聚效应是指经济活动、企业、居民、游客和资源等旅游相关要素在旅游地的空间集中所引致的对旅游地增长和发展有较大影响的综合效果,包括规模经济收益、信息流畅收益和资源共享收益等方面,不仅包括在旅游地区域范围内集聚的、直接为旅游者提供产品和服务的游览、餐饮、住宿、娱乐、购物等与旅游直接相关的企业,还包括提供服务和保障的支持性企业。据图3-4 环城游憩带旅游供需形成机制可知,位于城市市区边缘与城市郊区的城郊森林公园由于旅游资源与自然环境优良而对旅游市场能够提供有效供给。在于旅游需求信息互动的发展中,该旅游区域的旅游吸引力日益增强,不仅旅游产品的种类与产品设计等能够满足城市居民的需求,而且相关旅游服务日益成熟。有利于旅游者的集聚和扩散,扩大旅游地的影响范围,形成一个日益完善的旅游目的地市场。地处环城游憩带的城郊森林公园的旅游环境也逐渐成熟,旅游供给信息也易被城市居民熟知。

区域旅游发展中的马太效应和城市居民出游的从众效应进一步推动了城郊森林公园休闲旅游的发展。旅游市场聚集效应推动着环城游憩带中成熟城郊森林公园形成典型的游憩中心地,相关服务与保障也日渐成熟,旅游经济效益和社会效益逐渐增强。在旅游供需信息互动的推动下,"循环与累积因果效应"产生,马太效应显现,环城游憩带的资源禀赋、政策导向、景区开发主体的经营策略、各地社区居民对当地旅游开发的态度都会朝着更好的态势发展(沈慧贤等2008)。同时随着城郊森林公园旅游运营的成功,城市居民出游的从众效应在一定程度上显现,部分市民会因"品牌"而出游,潜在旅游者增加,这在一定程度上扩大了旅游规模与旅行倾向及目的地的吸引力。另外,随着市场聚集效应的显现,城市市区到环城游憩带的交通改善明显,从而减少休闲旅游成本,根据爱德华兹(S. L. Edwards)和丹尼斯(S. J. Dennis)的旅游吸引力模型即 $T_{ij}=P_iA_j\exp(-\lambda C_{ij})$,可知式中 P_i 增大,A_j 增大,而 C_{ij} 减少,因而城市居民前往城郊森林公园休闲旅游的人次数增大,进一步驱动了城郊森林公园休闲旅游的发展。

第4章　城郊森林公园旅游规划定位

旅游规划是一套系统工程,城郊森林公园的休闲旅游驱动机制表明,城郊森林公园的市民休闲旅游势不可挡,为了更好地发展城郊森林公园休闲旅游,编制理论科学并且实践可行的旅游规划是现实所需,对旅游规划进行准确的规划定位并确立相应的规划模式能提高旅游规划效益及减少规划衍生的损失。

4.1　城郊森林公园旅游区域与旅游客源市场定位

4.1.1　城郊森林公园旅游区域定位

明确旅游景区所属旅游区域可以对于旅游景区规划具有重要作用,只有明确城郊森林公园所属的旅游区域的边界范围才能明晰城郊森林公园的旅游行业环境,才能进一步准确对比分析城郊森林公园与所在旅游区域内其他景区景点的旅游资源与旅游产品并排查出旅游竞争对象,才能进一步调查分析城郊森林公园的比较优势,进而更好地规划开发旅游产品,更好地满足旅游客源市场需求。

依据城郊森林公园休闲旅游驱动机制,城郊森林公园地理范围相对较大,本身可形成一个游憩中心地,其主要的休闲旅游竞争对象是城市市区及郊区的各个 RBD(游憩商业区),CRP(休闲中心地)、城市公园、郊野游憩中心地和观光游憩中心地。由于城郊森林公园的资源优势是自然森林生态资源和生态环境,考虑城市居民休闲消费成本与旅游决策的约束,与城郊森林公园构成替代关系最主要是城市各自然景点如市内公园、湖泊、绿化带等休闲区域,以及环城游憩带之内的资源丰富的自然资源型景区。因而城郊森林公园所属旅游区域应定位为城市市区和城市郊区所形成的城市旅游区域(图 4-1)。

4.1.2　城郊森林公园旅游客源市场定位

城郊森林公园是旅游景区的一种类型,也是一种旅游产品类型,作为一种旅游供给,准确找到能消费此种旅游产品的旅游需求市场是其旅游规划开发后的旅游市场运营成功的关键,因为只有准确的客源市场定位,才能更好地满足目标市场的需求,获得更佳的旅游效益。

根据第 3.1 节的分析,城郊森林公园自然资源丰富,具有典型的地带性森林植被、丰富的群落结构等旅游景观,景区内地形多变、森林茂密、气候舒适,有利于旅游者的身心健康,生态环境优良,其环境比城市 RBD,CRP 等人群聚集之地更加幽静。而由于城市化的影响,城市居民更偏好有益身心健康的自然旅游环境,根据合肥市民的旅游目的地类型选择偏好的调查结果显示,市民外出旅游主要选择"回归大自然、野趣浓厚、环境幽静、空气新鲜"这一类型旅游目

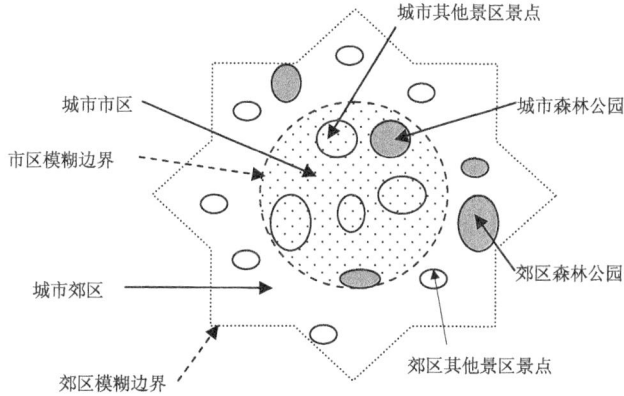

图 4-1　城郊森林公园所属旅游区域

的地的占 50.85%(刘昌雪 等 2004)。城郊森林公园相对幽静的森林生态环境正好迎合了城市居民"回归自然"的休闲旅游需求,能够充分满足城市化困境中的城市居民日常、周末及节假日的休闲旅游需求,缓解市民工作压力,改善市民的日常生活,提高市民的生活质量。因而,城郊森林公园具有满足城市居民休闲旅游的充分条件,其客源市场应定位为城市居民。

城郊森林公园客源市场定位为城市居民也有其必要性。城市是人类集居区,城市化一方面带来城市人口的大量增加,社会生活多元化,城市又是社会经济、文化的聚集区,城市是旅游的目的地,也是城市旅游(包括城市郊区旅游)的重要客源地,如果没有广大的本城市居民参与,城市景点旅游人数将大幅缩水,日常和旅游淡季甚至成为空壳,城市大量的人口为城市市区及郊区各景区景点提供了充足的旅游者。同时我国大多数城市居民的外出旅游还主要体现了短时、近途的特征,由于出游开支的预算有限及城市居民外出休闲旅游的时间、费用、精力等休闲消费成本限制,城郊森林公园特别是其资源价值不具有全国或全省吸引力的状况下很难吸引其他城市的城市居民前来短期休闲旅游。城郊森林公园处于本城市的休闲旅游核心区域或边缘区域,因而城郊森林公园的地理空间区位等因素决定其主要客源市场应该是本地的城市居民。

4.2　经济效益主导型旅游规划与社会效益主导型旅游规划

4.2.1　经济效益主导型旅游规划的发展历程

经济效益、生态效益、社会效益是旅游发展的三大效益,三大效益的协调发展是旅游发展的终极目标,经济效益、生态效益、社会效益也是旅游规划所追求的三大效益。在旅游规划现实中三大效益权重是不等的。根据旅游规划追求效益目标的指导思想不同,笔者认为,可分为经济效益主导型旅游规划和社会效益主导型旅游规划。追求经济效益的理念占据主导地位,偏重经济效益的旅游规划可称之为经济效益主导型旅游规划。

经济效益主导型旅游规划在改革开放以后的旅游规划中得到集中体现。中国的旅游消费活动在改革开放以后得到充分扩展,旅游规划浪潮也跟随产生,特别是国家 1986 年确立旅游的产业地位之后,我国绝大多数省份都将旅游产业确定为国民经济的支柱产业或按支柱产业来培育,旅游的经济地位随之凸显。旅游规划服从于地区的经济发展总体规划,旅游规划的经济效益在三大效益中尤为受重视,并在不同的旅游发展阶段由于规划目标不同呈现出不同类别的规划导向,自改革开放以来我国旅游规划主要经历了以资源导向、市场导向、形象导向及产品导向为主的发展历程(范业正 等 2003)。

资源导向旅游规划盛行于改革开放后中国旅游初期发展的 20 世纪 80 年代,强调旅游资源是旅游发展的最根本的前提和条件。此阶段中国正处于传统的山水和文化观光时期,旅游市场刚刚发展壮大,旅游产品单一,以观光旅游产品为主,旅游规划的主要任务是挖掘自然和人文旅游资源,吸引更多游客,追求数量型增长。由于旅游市场发展迅速,旅游产品供给相对短缺,因而旅游规划的目的在于开发旅游资源,旅游资源开发成了此阶段旅游规划的代名词。资源导向旅游规划以旅游资源普查、分类、评价和开发为主要内容,规划研究对象主要以传统的风景名胜区、历史文化名城及文物保护单位等为主,基本上主张进行低度开发和建设,以满足快速增长的旅游市场的需要。

市场导向旅游规划偏重于根据市场需求进行旅游项目的策划与创意。该导向规划随着旅游产业地位的确立得以发展,并盛行于 20 世纪 90 年代。这个时期,旅游需求日趋旺盛,在缺乏传统旅游资源的区域,旅游发展依然迅猛,旅游资源不再是发展旅游的唯一寄托,旅游发展已经走出观光时代,在旅游区位和客源市场条件优越的城市建人造旅游吸引物(如深圳"锦绣中华"主题公园)得到认可。市场导向旅游规划不囿于以资源定产品和定发展的传统思路,强调市场需求在旅游发展中比任何条件更加重要,只要有市场需要,即使在并不具备传统风景与人文旅游资源优势的地区,通过策划和建设市场对路的旅游产品,也可以获得从无到有的旅游收益,也可以发展成为具有较高知名度的旅游目的地。因而市场导向旅游规划针对市场需求对旅游资源进行评估、筛选和加工,然后设计、制作、组合成适销对路的旅游产品并推向市场。

形象导向旅游规划盛行于 20 世纪末,其实质也是市场导向旅游规划思想,只是在某方面突出主题形象,努力塑造"歧异优势"获得市场青睐。形象导向旅游规划产生的另一个背景是该时期城市旅游的蓬勃发展和人们对城市旅游形象的期望与认知的增强,导致人们在进行城市旅游规划的过程中,始终将塑造和传播城市旅游形象放在规划的重中之重,从而强化了形象导向旅游规划思想。形象导向旅游规划的基本思路是从分析、塑造旅游形象入手,从传播旅游形象,到吸引旅游市场的一般模式,即在规划时,首先设计和营造旅游总体形象,然后以形象为核心规划旅游要素,规划出的旅游要素又反过来使旅游总体形象得到进一步强化。

产品导向旅游规划产生于 21 世纪初。该规划思想强调旅游规划应以旅游产品为中心,以资源为基础,以市场为方向,开发适销对路的旅游产品。产品导向旅游规划根据资源塑造具有市场需求的旅游产品,采取的是一种"市场营销观念",在一定程度上既避免忽视市场需求,也避免抛开旅游资源条件盲目跟随市场而造成的旅游开发成本过高和代价太大。其目标是"旅游产品体系建设"。

资源导向旅游规划的主要是挖掘自然和人文旅游资源并积极推向市场获取旅游收益;市场导向旅游规划强调满足旅游者需求获取收益;在强调市场导向规划的基础上,形象导向旅游规划通过塑造具有"歧异优势"旅游目的地的形象获得市场青睐;产品导向旅游规划强调规划开发适销对路的旅游产品,进而获取市场认可。这些类别的旅游规划追求经济效益的思想占据主导地位,其追求的主要目标是经济效益最大化,因而属于经济效益主导型旅游规划。经济效益主导型旅游规划反映了改革开放后中国旅游规划发展的主导思想演变,折射出中国旅游供给市场与需求市场相互博弈的基本历程,印证了旅游战略规划、旅游区总体规划及景区设计规划为旅游产业经济服务的基本格局。

4.2.2　经济效益主导的森林公园旅游规划问题

经济效益主导型旅游规划在不同时期对中国旅游的整体发展都发挥着不可低估的实践指导价值,推动了中国旅游市场与旅游经济的发展,引领了中国旅游战略规划和旅游区总体规划发展历程,并在一定程度上直接影响着区域和景区的旅游总体规划。中国森林公园在经济效益主导型旅游规划过程中改变了原来的运营方式,部分森林公园旅游经济效益显著,但在其主导下中国森林公园旅游规划在很大程度上只考虑了旅游规划的前期阶段即开发规划,强调了如何把旅游者"引进来",忽视了旅游规划的后期阶段即管理规划,忽视了如何让旅游者"留下来",急功近利的短期旅游规划现状导致很多问题凸显。

忽视生态效益与社会效益、森林公园旅游定位不明确、森林生态保护方面存在问题严重、森林公园缺乏相对完备的解说系统等四大类问题已在第1.1.2节中表述,另外下面几个方面的问题明显:

①森林公园的旅游资源缺乏客观评析。在旅游发展的热潮中,一些森林公园为了把旅游者吸引过来,对森林公园旅游资源的评析不严谨,随意给予资源等级评定,往往主观冠以"全国一流"、"国内罕见"等评语。缺乏与周边自然景区景点的资源比较分析,忽视寻找本景区的比较优势,忽视资源质量评价,往往在破坏森林旅游资源和环境资源前提下盲目开发和发展森林旅游(孙克南 等 2000)。

②旅游客源市场定位模糊。森林公园对旅游资源评价缺乏客观评析还容易造成其客源市场定位模糊。资源的吸引力是有其区位范围的,作为全面知名特别同时又是风景名胜区的森林公园如武夷山能够吸引全国乃至世界各地的游客前来参观,其客源市场应该重点放在全国,辐射国外。但目前在许多原本只有地级或市县资源优势的森林公园客源市场范围定位过宽,经常把外省游客作为市场目标,忽视本地市民的休闲旅游。

③忽视森林公园的生态文化教育。森林公园不仅是人类体验天人合一的场所,更是植被的博览馆和重要的生态文化学习场所。森林公园旅游规划在满足旅游者休闲的同时应该为旅游者传播森林生态文化,进行环境保护方面展示教育,树立环境保护的典范,让旅游者感知建立森林公园的目的之一是保护好森林生态。但目前森林公园生态文化教育严重缺乏,旅游解说不到位,更为严重的是,有些森林公园把一些路标指示牌直接钉在树上,此法虽然不会使树木致死,但与森林公园提倡的"爱护树木、保护生态"背道而驰。如福州国家森林公园缺乏对树种最基本的介绍,珍稀植物大部分没有相关介绍,游客不能很好地了解各种珍稀植物,甚至连这种植物的名称都不知道,也谈不上更深的认识(朱如虎 2008)。

④旅游项目规划开发盲从人造亮点工程。"点景引人"是景区旅游设计规划的一大手法,能在一定程度上起画龙点睛之功效。但许多森林公园在实际规划建设过程中行政干预较多,存在一定的盲目性和乐观性,铺摊子、搞政绩造就景区亮点工程。如河南新郑始祖山国家森林公园"华夏第一祖龙"长达 21 km,为了造"一个奇迹",多个政府部门违规开绿灯(字秀春 2007)。森林公园这类旅游亮点工程不仅造成大量的植被永久破坏,而且也违背森林公园发展生态旅游的基本规律,又使森林公园的旅游规划开发造成非常不良的社会形象,破坏森林公园的旅游可持续发展。

⑤忽视休憩设施规划。森林公园旅游发展不仅要吸引旅游者前来旅游，更重要的是要能够让旅游者体验森林公园幽静的森林环境。但目前森林公园旅游规划的在"点景引人"的亮点工程中忽视"空间留人"，缺乏相应的休憩设施规划，旅游者只能是"到此一游"，却没有良好的条件可以静心了解森林公园的古树名木，悠闲欣赏公园的湖光山色，因而旅游者难以获得真正的休闲，难以获得真正的生态文化教育，不利于生态文明的建设。

4.2.3　城郊森林公园采取社会效益主导型旅游规划的必然

社会效益主导型旅游规划是指追求社会效益的理念占据主导地位，偏重社会效益的规划绩效，追求社会和谐发展和社会可持续发展的旅游规划。

社会效益主导型旅游规划与经济效益主导型旅游规划有些根本的不同，主要体现在主要目标、旅游内涵、对景区的理解、吸引旅游者方式及获取旅游效益的方式等方面。经济效益主导型旅游规划的主要目标是通过旅游景区的规划来发展地方的旅游经济，社会效益主导型旅游规划主要目标是推动社会的和谐发展，提高居民的生活质量；经济效益主导型旅游规划认为，旅游主要是到"异国他乡"的旅游方式，景区吸引的主要是异地的游客，其实是属于"小旅游"理解；而社会效益主导型旅游规划认为，旅游活动包含本地居民的休闲旅游，景区应该发展"大旅游"，满足居民的休闲需求。经济效益主导型旅游规划认为，景区是一个能获取经济收益的经营实体，把景区看成是能生产旅游产品的企业；而社会效益主导型旅游规划认为，景区是应满足居民休闲旅游的公众区域，具有社会公益的性质。在吸引旅游者的方式方面，经济效益主导型旅游规划主要通过建设能吸引旅游者眼球的景点来取得市场效应；而社会效益主导型旅游规划主要是通过造就旅游空间来满足旅游者的休闲旅游意愿。经济效益主导型旅游规划主要是通过"门票经济"来获取旅游效益，商业性质较重；而社会效益主导型旅游规划主要是通过满足居民的休闲需求，提高居民的休闲生活质量，传播相关生态文化与社会文化来进行社会服务的（表4-1）。

表 4-1　社会效益主导型旅游规划与经济效益主导型旅游规划的区别

项目	经济效益主导型	社会效益主导型
主要目标	发展旅游经济	推动社会和谐发展
旅游内涵	小旅游	大旅游
对景区的理解	经济实体	社会公益区域
吸引旅游者方式	建设旅游景点	造就休闲旅游空间
获取旅游效益方式	门票经济	社会服务

面对经济效益主导的森林公园旅游规划问题，依据经济效益主导型旅游规划与社会效益主导型旅游规划的区别，城郊森林公园必须采取社会效益主导型旅游规划，如此规划转型演进也是由森林公园的战略使命和当今中国城市社会发展阶段所决定的。

森林公园是生态公益性林业，属于社会公益性事业，其战略目标是保护森林风景资源和提供社会休闲旅游服务。森林公园建设需完成"建绿色生态，办绿色产业，创绿色文明"的总任务，林业的功能转变是林业发展的战略需求，《国家林业局关于加快森林公园发展的意见》（林场发〔2006〕261号）（以下称《意见》）认为："森林的游憩利用功能是森林具有的多种重要功能之一,促进森林多功能利用方式和林业为社会服务方式的根本转变,是社会发展对林业的主导需求向以生态需求为主、多功能利用转变的必然要求。要把建设森林公园与各地城乡建设发展规划有机地结合起来,城市周围特别是大中城市周围集中连片的森林资源,凡具备一定条件的,都应当有步骤地纳入森林公园建设规划范围。"可见,城郊森林公园的旅游规划应在保护森林风景资源的同时向居民提供休闲旅游服务。城郊森林公园旅游规划是林业发展与城市发展规划的最佳结合与社会发展的时代需求。

中国现阶段经济发展已进入一个新的平台,居民生活已基本进入小康阶段。按照国务院提出小康社会的 16 个基本监测指标,2000 年达标率为 96%,人民生活总体上达到了小康水平,21 世纪进入全面建设小康社会阶段(朱剑红 2002)。目前中国经济条件已使中国走在发展中国家前列,人均国民收入 2007 年为 2360 美元,按照世界银行的划分标准,已经由低收入国家跃升至世界中等偏下收入国家行列(新华社 2008)。

中国休闲消费已步入大众化阶段,城市居民的休闲消费势头强劲。按照全球休闲与旅游业发展的一般规律,当一个国家人均 GDP 达到 3000～5000 美元,就将进入休闲消费、旅游消费的爆发性增长期。目前中国大中城市的人均 GDP 已超 3000 美元,其中 2008 年广州市为 8 万元人民币、上海市为 1.05 万美元、杭州市 1 万美元、北京市 9000 美元(小佳 2009)。同时中国居民的休闲时间已达到中等发达国家水平,全年的假日和休息日达到 115 天,劳动者额外再享有 5～15 天的带薪休假,这为居民休闲旅游提供充足的时间。中国大中城市居民大众户外休闲旅游的条件已经成熟,"大旅游"时代已经来到,市民到城郊景区休闲旅游已成常态。

中国近期社会发展的战略任务是构建和谐社会。和谐社会主要体现在人与自然的和谐、人与社会的和谐、人与人的和谐及人的自我和谐,强调"以人为本",一切活动根本目的都是为了人的生存、享受和发展。目前,我国将启动国民休闲计划,"长期来看,则是为了提高国民的生活质量"(于英杰 2009)。休闲旅游发展与和谐社会建设目标具有高度的一致性,城郊森林公园旅游规划旨在造就休闲空间,满足城市居民的休闲旅游,在满足旅游者休闲需求的过程中促进人与自然的和谐、人与人的和谐及人的自我和谐,为构建和谐社会服务。

4.3 城郊森林公园旅游规划三大效益权衡

城郊森林公园旅游规划应采取社会效益主导型旅游规划,但其规划的经济效益、生态效益与社会效益三者权重多少及从哪些方面衡量不仅影响规划效果的评判,同时也直接影响城郊森林公园如何进行旅游规划。因而,城郊森林公园旅游规划需根据森林公园发展森林旅游的特色和城郊森林公园以社会效益为主导的指导思想进行旅游规划效益定位。

4.3.1 森林旅游三大效益评价

城郊森林公园旅游是森林旅游的重要组成部分,森林旅游的经济效益、生态效益和社会效益的评价对城郊森林公园旅游规划的三大效益有重要的借鉴价值。因而要权衡城郊森林公园旅游规划的三大效益,首先应讨论森林旅游的三大效益评价。

森林旅游的经济效益、生态效益和社会效益具体该如何评价,目前还没有完全统一的指标或方法,但无论理论还是实践上对这三大效益的讨论持续不断。森林旅游经济效益的评价从经济学投入产出理论研究出发的较多,该方法指出森林旅游的经济效益是指森林旅游活动过程中劳动消耗、劳动占用和劳动所得的比较,即费用和效用的比较,其实质是森林旅游经营活动中成本与效益的一种评价。森林旅游的生态效益立足于其资源基础森林资源或森林生态系统的生态服务功能与效益,同时又作用于森林资源及生态环境。目前,森林旅游生态效益评价主要以森林资源生态效益评价作为参考依据,对森林生态效益进行计量化研究。森林生态效益价值的评价已有基本的理论和方法,但森林生态效益本身具有的无形性和多效性,且各种功能之间具有相互交叉重叠,因此,对其进行准确的计量评价以反映森林旅游活动开展以后森林资源的变化和价值仍有一定的难度。森林旅游社会效益目前对还没有明确的界定。由于社会效益本身的间接性和隐形性,没有公认的边界外延,很多效益难以量化,而且评价带有极大的主观性,评价标准和依据难以统一,造成评价结果相差甚大,如何从理论和方法上探索一套完整科学的计量评价体系是当前森林旅游社会效益评价亟待解决的问题(曲利娟 等 2008)。如王幼臣等对张家界森林公园的社会效益进行了定性和定量分析评价,在定量分析时提出了十二个独立的指标,同时定性地解析了关于公平、参与、机构发展、贫困等社会问题,最后通过加权评分法综合评价森林公园的社会效益(表 4-2)。综合评分值在 $85\sim100$ 为优,$70\sim80$ 为良,70 以下为差(王幼臣 等 1996)。但其森林旅游社会效益的外延界定不明确,该研究的社会效益实际上涵盖了经济效益、生态效益指标在内。

表 4-2 张家界森林公园社会效益综合评价

主要社会效益指标	权重
当地经济发展效益(经济增长率,当地人均收入水平指标)	15
社会就业效益(长期就业人数,社会就业效果)	10
人民生活水平效益(职工人均收入水平指标、生活服务社会化效益指标)	20
人民文化生活水平效益(人口素质效益指标、精神文明建设)	10
生态环境效益指标(野生动物保护效益指标、水源涵养效益指标、净化水质指标、防止水土流失效益指标、净化空气效益指标、游憩保健效益指标)	20
基本建设效益(通信、公路、房屋建筑变化效益指标)	15
社会环境效益(知名度、产业结构变化、社会秩序与治安、组织结构、参与问题)	10
总计	100

注:资料来源于王幼臣等(1996),有删减。

随着森林旅游业的成熟和平稳发展,居民生态意识的日益增强及森林旅游发展的问题日益凸显,生态旅游与可旅游持续发展理念应成为森林旅游规划的重要思想,森林旅游规划需兼顾经济、生态、社会效益,三大效益协调统一才是森林旅游业可持续发展的根本。森林生态旅游效益指标涉及面广、体现方式多,既抽象又具体,同时三大效益并不存在正相关关系,有时能相互促进,但生态效益和经济效益经常相互矛盾、相互背离,而短期内片面强调某个效益最大化,往往意味着另一个或两个效益不同程度的牺牲,最终也会可能导致综合效益不佳。因而根据具体的森林旅游区域确定其经济效益、生态效益和社会效益的指标及其权重,是目前森林旅游规划的权变思想之一。根据系统论、控制论的基本原理,通过科学合理的分解、归纳和综合,采用层次分析方法构建的森林生态旅游效益评价指标体系(姜春前 等 2004)(表 4-3)对城郊森林公园旅游规划的三大效益评价具有借鉴价值。

表 4-3　森林生态旅游效益评价标准与指标体系

类别	准则	标准		指标
生态效益	资源增加	森林资源	数量增加	森林覆盖率、森林蓄积量、资产总值
			质量提高	年生长量、单位面积蓄积量
			结构改善	分布均匀度、树种结构
		生物资源	种类增加	生物种类数、生物多样性指数
			质量提高	生物生存能力
		景观资源	数量不减少	景观多样性指数
			质量不降低	景观可览度
	环境改善	大气	质量不降低	大气污染物种类数、大气污染指数
		水	质量不降低	污染水面比例、污染物种类数、水污染指数
		土壤	质量不降低	受污染土壤面积比例、土壤污染等级、水土流失强度
经济效益	经济发展	经济收益	高于均收益	经营总收入、净资产收益率、人均利润率
		税收	税收增加	年税收总额、人均税收收入
社会效益	社会进步	物质生活	条件改善	恩格尔系数、零岁平均预期寿命、农民人均年收入
		文化素质	明显提高	文化学历结构、平均文化程度
		产业结构	结构改善	新增社会就业人数、劳动力从业结构、"三产"结构
		意识形态	文明程度提高	大众对生态环境保护的认识度、社会文明程度、各类社会治安和刑事犯罪的发生率

注：资料来源于姜春前等(2004)，有修改。

4.3.2　城郊森林公园旅游规划三大效益权衡——以社会效益为主导

城郊森林公园是城市完整生态系统的重要元素，在维护城市生态平衡与城市环境保护中具有重要作用。森林公园内众多的资源是国家珍贵的自然文化遗产，应当得到保护。因而，城郊森林公园旅游规划要完成保护珍贵的森林生态资源与城市生态环境，要履行城市旅游规划的社会规划责任，要完成向以城市居民为主体的客源市场提供休闲旅游服务等的战略使命，应站在城市社会全面发展的战略高度权衡旅游规划带来的森林旅游经济效益、生态效益和社会效益，强调以社会效益为主导，保证旅游的可持续发展，改善城市居民社会生活环境，创造人与自然和谐发展的休闲生活空间，提高城市居民社会生活质量。

城郊森林公园旅游规划强调以社会效益为主导的同时需重视生态效益，《2008 年旅游竞争力报告》认为，中国有关环境可持续方面的政策得分很低（排行 110 名），相关政府并没有将旅游业的可持续发展放到优先考虑的位置（张广瑞 2008）。可见生态效益和社会效益在旅游规划实践中的重视程度还远远不够。当然，城郊森林公园旅游规划也不能完全没有经济效益，只是社会效益、生态效益、经济效益的重视程度与优先次序不同，Cohen 认为，发达国家的旅游发展是一种常规的发展形态，旅游的发展以提升居民的生活质量为首要目的，经济发展仅作为次要考虑的因素(肖洪根 2001)。中国城郊森林公园应学习发达国家以提升居民的生活质量为首要目的的旅游规划理念。如森林公园旅游三大效益之间有冲突,社会效益最重要,生态效益次之,经济效益最后考虑。由于森林公园的资源特性和对社会公益属性,其旅游的生态效益对社会效益贡献较大,生态效益是实现社会效益的前提。森林旅游产品规划开发的主要效益是生态效益和社会效益,而产品开发的微观经济效益并不作为产品开发的一个重要考虑因素(兰思仁 2004)。城郊森林公园旅游规划的经济效益是在有利于其生态效益和社会效益的基础上考虑的,毕竟利用森林资源、发展森林旅游能改善森林公园相对落后的经济条件,也能解决部分社会就业问题。但为达到发改委与旅游局等八部委通知规定的"与人民群众关系密切的城市休闲公园要充分体现公益性,实行免费开放"(国家发改委 2008)的时代要求,满足更多城市居民到森林公园休闲旅游的需求,城郊森林公园不应全部收费,内部部分休闲娱乐项目如水上游乐项目可以适当收费。

城郊森林公园旅游规划的经济效益、生态效益、社会效益评价也应突出以社会效益为主导,在评价标准、评价指标和权重分配方面偏重社会效益。根据城郊森林公园的战略使命,借鉴表 4-2 与表 4-3 相关信息,城郊森林公园旅游规划的经济效益、生态效益、社会效益评价及旅游综合效益评价应有利于森林生态资源的保护,有利于旅游的可持续发展、人与自然的和谐、城市社会的和谐发展及城市居民社会生活质量的提高(表 4-4),其综合效益:

$$U = U_A + U_B + U_C = \sum_{i=1}^{4} a_{Ai} \times 15\% + \sum_{j=1}^{9} a_{Bj} \times 40\% + \sum_{k=1}^{10} a_{Ck} \times 45\% \quad (4.1)$$

式中:a 表示各指标评价值。

表 4-4　城郊森林公园旅游规划效益评价体系

类别	标准		指标	代码	权重值	%	评价方法
经济效益 A	经济收益	人均收益增加	森林公园职员年收入	A1	30		经济统计
		经济效益好转	森林公园整体经济发展效益	A2	20	15	
		社区经济改善	森林公园周边社区餐饮、商品等收益	A3	25		
	就业效益	就业人数增加	森林公园与周边就业人数	A4	25		
生态效益 B	树木资源	数量增加	森林覆盖率、森林蓄积量、资产总值	B1	15		专家评价
		质量提高	年生长量、单位面积蓄积量、树种结构	B2	15		
	生物资源	种类增加	生物种类数、生物多样性指数	B3	10		
		质量提高	生物生存能力	B4	10		
	景观资源	数量不减少	景观多样性指数	B5	10	40	
		质量不降低	景观可览度	B6	10		
	大气	质量不降低	大气污染物种类数、大气污染指数	B7	10		
	水	质量不降低	污染水面比例、污染物种数、污染指数	B8	10		
	土壤	质量不降低	污染面积比例、污染等级、水土流失度	B9	10		

续表

类别	标 准		指 标	代码	权重		评价方法
					值	%	
社会效益 C	森林公园休闲环境	休闲空间更大	森林公园适宜休闲旅游区域范围	C1	10	45	市民评价
		游览更便捷	森林公园旅游交通、旅游解说	C2	10		
		休闲设施更好	森林公园休闲椅、休息亭等设置	C3	10		
	城市居民生活质量	生态知识增加	动植物知识，社会环境知识	C4	10		
		文化素质提高	旅游素质、环保素质、文化保护素质	C5	10		
		休闲条件改善	休闲区域、休闲方式、休闲成本	C6	10		
	城市社会生活环境	得到改善	社会秩序与治安、社区参与、社会诚信、公共交通	C7	10		
		社会文明提高	社会对生态环境保护的认识度、社会文明程度	C8	10		
	城市旅游	形象更好	是否利于城市旅游可持续发展	C9	10		
	人与自然	人与自然和谐	城市自然环境改善度、自然环境适宜度	C10	10		

4.4　城郊森林公园旅游规划导向——社会发展导向旅游规划

4.4.1　城郊森林公园社会发展导向旅游规划的战略目标

社会发展导向旅游规划是社会效益主导型旅游规划的集中体现，其规划宗旨是促进社会的和谐发展，提高居民的生活质量，并依此为目标引导旅游规划。

城郊森林公园的旅游客源市场定位为城市居民，城郊森林公园旅游规划应在保护森林资源及其生态环境的基础上满足城市居民休闲旅游需求。Getz 认为，旅游规划是"在调查研究与评价的基础上寻求旅游业对人类福利最优贡献的过程"（马聪玲 等 2007）。旅游是一种社会现象，旅游发展的最终目的是要提高人们的社会生活质量。《意见》认为："森林公园建设事业，是保护和利用森林风景资源，为社会提供良好森林游憩服务，不断满足人们日益增长的生态文化和健康消费需求的一项重要社会事业。"城郊森林公园旅游规划的战略目标也应保护森林风景资源，并通过为社会提供休闲旅游服务进而促进社会和谐发展与提高居民生活质量。

4.4.2　城郊森林公园社会发展导向旅游规划愿景

城郊森林公园旅游规划是城市发展规划的重要组成部分，城市发展规划是一个城市综合性的社会规划，城市旅游规划是城市发展规划的重要成分，因而城市旅游规划应看成是一种社会规划。以社会发展为核心的综合式社会规划源自城市作为"复杂社会系统"的认识，强调通过空间、经济、社会等综合手段，关注社会的全面发展，并推动社会公正和公众参与（刘佳燕

2008）。社会规划的核心思想是以人为中心，即把"人"及其"社会性"纳入规划中。当前中国经济、社会正处于转型时期，正在全面建设小康社会和构建和谐社会，旅游作为一种社会现象，城市旅游的社会服务规划应成为城市旅游规划的主要内容。在当今城市"休闲时代"，城郊森林公园旅游规划应与城市发展和社会发展融为一体，从企业经营行为转变为社会服务行为，从经济效益主导型旅游规划转变为社会效益主导型旅游规划，以社会发展导向旅游规划作为其规划导向。

城郊森林公园旅游规划应秉持"大旅游"理念，强调为改善城市居民的休闲生活服务，为城市发展服务，切实履行社会责任，为中国整体社会发展服务，为建和谐社会和提高居民生活质量服务。为完成此战略使命，笔者认为，城郊森林公园旅游规划应实现直接愿景、间接愿景和最终愿景，直接愿景是旅游规划的直接目标，也是旅游规划能直接实现的目标，间接愿景是通过旅游规划能间接实现的目标，也是旅游规划后需经过一定时间能实现的目标，最终愿景是旅游规划的长远目标，也是旅游规划经过相对长时间后最终要实现的目标，如果最终愿景实现，那么本次旅游规划的使命可以说圆满完成了，也可以说本次旅游规划是成功的，取得了较好的旅游效益。城郊森林公园旅游规划的直接愿景是发展休闲旅游、间接愿景是维护生态环境，通过为居民提供休闲旅游活动，逐渐改善居民生活的生态环境，进而达到最终愿景即社会和谐发展（图4-2）。

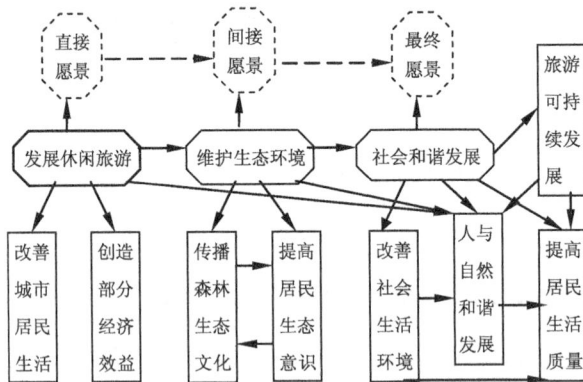

图 4-2　城郊森林公园社会发展导向旅游规划愿景

城郊森林公园旅游规划作为城市旅游规划的组成成分，其直接愿景就是发展休闲旅游，改善城市居民的生活方式，提供充足空间让市民充分享受休闲权益，同时在满足市民休闲生活的基础上为社会创造部分经济效益。由于城市化建设导致城市绿地逐渐减少，制约了城市居民的户外休闲活动，一些城市公园周末和节假日人满为患的局面突出（孟明浩 等 2002），城郊森林公园成为城市居民周末与节假日重要的游憩中心地。解决国内各大中城市居民的休闲问题已是城市旅游规划甚至是城市发展规划的重要使命。实质上解决休闲问题也是让居民更好地享受休闲权益。《休闲宪章》*提出休闲是个体基本权利，个体应该提升休闲体验，政府应该重视国民休闲。世界休闲组织（World Leisure Organization）倡导各国致力于发掘和增强各种有利条件，让休闲成为人类成长、发展和幸福的动力。美国、加拿大、英国、法国和德国政府都在城市规划、社区规划中倡导对城市公共休闲空间、社区休闲共享空间的规划和用地整备，尽可

＊《休闲宪章》于 1970 年由世界休闲组织（又称世界休闲与娱乐协会）的前身国际娱乐协会通过。

能打造符合规划期内居民休闲活动空间需要。我国人口众多,休闲需求总量很大,大中城市休闲供需矛盾在未来很长一段时间内存在。我国城市公共休闲空间内社会活动和人群聚集,休闲活动引起的社会不稳定可能性较大(张建 2008)。因而,城郊森林公园为城市居民提供休闲活动成为其旅游规划的必然使命,给予城市居民充足的自然休闲空间享受休闲权益也是达到城市人与自然和谐发展愿景的重要途径。

城郊森林公园旅游规划的间接愿景是通过传播森林生态文化和提高居民生态意识达到维护生态环境。森林公园是"绿色基因库、物种宝库",是一个生态系统,同时也是传播森林生态文化和提高居民生态意识的理想区域。城市化带来城市环境的恶化,城郊森林公园相对原始的森林生态能展示自然生态系统中植物、动物、水资源、土壤资源等因素的动态平衡,让游客了解各因素的相关知识,感知生态环境保护的重要性,提高保护生态环境的旅游素质。同时森林公园也应通过植被培育,全力维护森林公园的生态平衡树立示范,以及适宜的旅游解说等方式宣传保护生态环境的措施,努力创造适宜的休闲旅游环境,让游客体验人与自然相处的幸福感。

社会和谐发展是城郊森林公园旅游规划的最终愿景。和谐社会需要全人类共同努力,当今旅游是社会的重要组成部分,旅游规划应积极做到"人类福利的最优贡献"。《意见》认为,森林公园建设事业是"提高国民生活质量,实现人与自然和谐相处的客观需要"。城郊森林公园旅游规划应主要通过发展休闲旅游、维护生态环境,保证旅游的可持续发展,保证人与自然的和谐发展,进而做到改善居民的社会生活环境,提高居民的生活质量,从而达到社会和谐发展的愿景。保证城市旅游的可持续发展和改善城市居民的休闲生活环境在一定程度上能改善城市社会生活环境,使社会秩序与社会文明得到提高,同时有利于城市居民文化素质的提高,更利于提高城市居民对生态环境保护的认识,有利于城市人与自然的和谐发展,又有利于人与人的和谐,人与社会的和谐,从而提高社会效益,促进社会和谐可持续发展。

4.5　城郊森林公园旅游系统规划

4.5.1　旅游系统解析

4.5.1.1　系统论

系统是由一组相互依存、相互作用和相互转化的客观事物所构成的具有一定目标和特定功能的整体。系统中各单元之间,有物质、能量、信息、人员和资金的流动,通过单元的有机结合,使整个系统具有统一的目标,但总体不等于它的部分之总和。系统论是关于研究一切综合系统或了系统的一般模式、原则和规律的理论体系。

系统论的基本思想方法就是把所研究和处理的对象,当做一个系统,分析系统的结构和功能,研究系统构成要素之间的相互关系和变动的规律性,并优化系统观点审视问题。系统不是零散个体,而是一个统一的集合体,构成系统的每一个要素之间都是相互联系、相互依存,每一个系统既包含若干个子系统,又有可能包含于更大的系统之中,并且系统之间的关系是在不断地发展变化的。整体性、关联性,层次性、动态性、适应性等是所有系统的共同的基本特征。整体性和综合性是系统论的基本思想,整体效应是系统论最主要的观点。系统论的任务不只是认识系统的特点和规律,掌握系统的基本特性,也不仅仅是反映系统的层次、结构和演化,更主要的是综合协调各要素之间的关系,调整系统结构,协调各要素关系以体现出整体效应,规范系统的运行以体现有序性,从而使系统达到最优化目标(朱未易 2008)。

4.5.1.2　旅游系统

旅游系统是系统论在旅游领域中的体现。由于旅游的综合性与多元性,旅游系统可以从不同的角度来认识。

美国著名旅游规划专家 Gunn 教授于 1972 年提出了旅游系统的概念,并提出了旅游功能系统模型。他认为,旅游系统由需求板块和供给板块两个部分组成,其中供给板块又由交通、信息促销、吸引物和服务等构成。这些要素之间存在强烈的相互依赖性,这五个部分是规划中的基本要素,旅游活动的实现,至少要涉及上述五个要素,并且这五个要素相互作用形成一个有机整体——旅游功能系统(图 4-3)。Gunn 明确地指出,供给与需求间的匹配关系是实现旅游系统功能的基础,旅游系统最重要最根本的功能是满足旅游者的需求,整个旅游系统的存在依赖于旅游需求的存在。旅游系统这一根本功能也会派生出其他的附属功能,即旅游系统会对上一级系统产生各种影响,如社会影响、经济影响、环境影响等。作为一个动态系统,旅游系统中各组成要素相互依赖、共同作用,其中任何一个要素发生变化都将引起其他要素的变化(郭长江 等 2007)。这种旅游系统的结构功能分析方法对后来外国学者及中国学者对旅游系统的理解产生了重要影响。

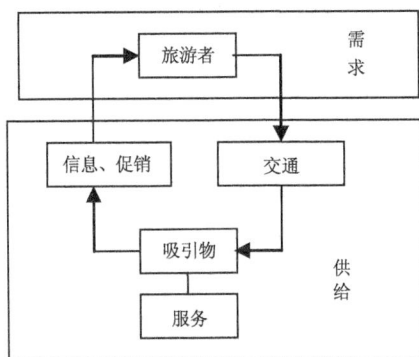

图 4-3　旅游功能系统模型(Gunn 1972)

(资料来源于郭长江等(2007))

目前,中国学术界有不同的旅游系统学说,如六要素说、三体说、旅游产业说、旅游四体说、旅游功能系统和旅游地域系统等,它们都是从系统的角度对旅游进行剖析,认为旅游系统是指直接参与旅游活动的各个因子相互依托、相互制约形成的一个开放的有机系统(刘峰 1999)。从旅游业角度看,旅游系统由旅游者、旅游企事业和旅游地组成,具有运转、竞争、增益三大功能(吴人韦 1999)。整个旅游活动实际上就是一个系统,由客源市场、目的地、支持系统和出游系统组成,每个系统之间相互联系,相互影响,共同为旅游者服务(图 4-4)。由此可见,视角不同导致对旅游系统的子系统可能差距较大,但对旅游系统的分类目的也是为了说明问题,依据旅游活动视角,旅游可看成是旅游者(客源市场系统)借助出游系统服务到达旅游目的地(旅游目的地系统)的旅游活动系统,旅游者根据出行状况及旅游目的地旅游情况把信息反馈给支持系统与客源系统,进一步促进旅游系统各子系统服务的改善。

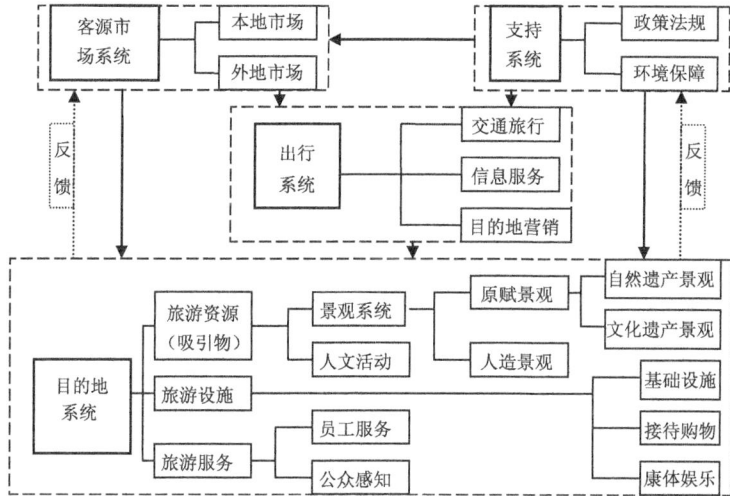

图 4-4　旅游系统

（资料来源于吴必虎（1998），有修改）

4.5.2　旅游系统规划及其借鉴价值

对旅游系统全面而深刻的认识将有助于采取更清晰的思路进行旅游规划。旅游系统规划就是以旅游系统为规划对象，在对旅游目的地和客源市场这对供需关系及与这对关系有紧密联系的支持系统和出游系统诸因子的调查研究与评价的基础上，制定出全面的、高适应性的、可操作的旅游可持续发展战略及其细则，以实现旅游系统的良性运转，达到整体最佳且可持续的经济、生态与社会效益，并通过一系列的动态监控与反馈调整机制来保证该目标的顺利实现（刘峰 1999）。

旅游系统是一个复杂的综合系统，旅游系统规划要考虑到诸如规划区域、规划区域资源特色、旅游者、旅游吸引物、旅游环境容量和旅游交通等等环节，而这些环节互相影响，互相牵制，甚至任何环节没有考虑周全，都可能使整个旅游规划功亏一篑，旅游规划中出现的任何问题都需从旅游整个系统寻找解决途径。Gets（1987）指出，理想的旅游规划是一种系统的、民主的、目标导向的及结合其他规划的过程。系统规划法致力于把目标、政策与战略建立在详细理解旅游系统运作的基础之上，这需要深入了解系统的性质，评价其实际战略与方案。旅游规划是调查研究与评价系统内的各要素情况，以利于各规划项目的有秩序开发，以达到规划的社会、经济与生态效益。20 世纪 80 年代以来，系统理论和方法大量引用到了旅游规划的研究中，此方法根据规划目标来确定一些较具体的任务，将规划与管理集成在一起，增强了规划的可操作性，这种系统规划的思想对旅游规划产生了很大影响（刘峰 1999）。

旅游系统规划方法对城郊森林公园旅游规划具有重要的借鉴价值。

①旅游规划要注重规划要素的系统性和规划过程的系统性。旅游规划的要素组成相应的规划内容，这些目的不同的规划要素各自成为一个系统，并且规划过程也根据阶段不同形成相对独立的系统。

②城郊森林公园旅游规划应确立其最终旅游发展目标，然后根据最终目标确定一些相关的并能完成最终目标的子目标。旅游系统规划要对旅游系统及各子系统进行科学设计，分阶段、分层次规划，完成各子系统目标，并同时进行系统分析、系统诊断等，使旅游规划以系统目

标为导向，实现旅游规划的最终愿景。

③旅游系统规划是系统理论和方法在旅游规划中的运用。根据系统理论,城郊森林公园旅游规划需牢固把握规划各阶段、各层次子系统的整体性,详实分析旅游规划各子系统的关联性、动态性、适应性,并明确系统整体结构。

④旅游系统规划就是以旅游系统为规划对象,根据 Gunn 的图 4-3 所示的旅游功能系统模型,旅游系统最重要最根本的是旅游需求得到满足。因而城郊森林公园旅游规划需详实分析旅游需求特征,详细分析旅游目的地供给中的旅游资源,并规划旅游吸引物与服务,同时完善旅游交通和信息规划。

⑤旅游系统规划需将规划与管理集成在一起,在旅游规划中渗透规划管理理念。城郊森林公园旅游规划要有旅游系统战略规划管理思想,在重点规划图 4-4 旅游系统中目的地系统的同时,还需根据客源市场系统反馈信息完善出游系统规划和支持系统规划,确保城郊森林公园旅游的可持续发展。

4.5.3　城郊森林公园"三析五构"旅游规划模式

城郊森林公园旅游规划是森林公园旅游规划和城市旅游规划的交汇区域,既要达到森林公园保护森林风景资源和提供社会休闲旅游服务战略目标又要考虑城市旅游的资源区域与城市居民休闲需求。城郊森林公园的旅游规划应整合森林公园旅游规划和城市旅游规划两大系统,采用旅游系统规划方法,分析森林公园的资源特点,在城市旅游系统区域内寻找旅游开发的资源比较优势,合理对森林公园进行旅游功能区域规划,切实保护好森林公园的核心景观资源。同时分析城市旅游系统的客源需求发展趋势,努力开拓城市居民的休闲空间,构建适宜的森林旅游产品体系,满足城市居民的休闲旅游需求。

根据前文讨论的城郊森林公园旅游规划定位,城郊森林公园旅游资源的比较范围是城市旅游区域,其客源市场主体是城市居民,在三大效益权衡中以社会效益为主导,须秉持社会发展导向旅游规划。因此,为实现社会发展导向旅游规划的直接愿景、间接愿景和最终愿景,提高旅游规划综合效益,城郊森林公园旅游规划需要一种既能实现旅游规划愿景,又能切实可行的适宜的旅游规划模式。

综合前文论述,笔者认为,城郊森林公园可实施"三析五构"旅游规划模式,该规划模式包括"三析"与"五构"两大规划系统,即"三维一体"分析系统和"五位一体"构建系统,其中"三维一体"分析系统包括城郊森林公园旅游环境分析、旅游资源分析和休闲旅游市场分析等"三维"分析,"五位一体"构建系统包含城郊森林公园旅游规划理念体系、旅游规划目标体系、旅游功能区划体系、休闲旅游产品体系和旅游支持体系等"五位"构建。"三析五构"旅游规划模式主要内容依据城郊森林公园旅游规划定位来确定,要素设置切合城郊森林公园旅游发展特点,适用于城郊森林公园 10～20 年的中长期旅游总体规划。

"三析五构"旅游规划模式形成一个完整的旅游规划系统,各子系统之间层次分明,相互联系。"三维一体"分析是"五位一体"构建的前提与现实依据,"五位一体"构建是"三维一体"分析的规划结果,并且"三维一体"分析系统指导、控制着"五位一体"系统的构建。城郊森林公园的旅游环境分析、资源分析和市场分析"三维"形成分析系统的子系统,"三维"之间相互关联、相互牵制,任何"一维"缺失都可能影响其他"二维"分析的科学性和准确性。城郊森林公园旅游规划理念体系、旅游规划目标体系、旅游功能区划体系、休闲旅游产品体系和旅游支持体系等"五位"形成构建系统的子系统,"五位"之间分工明确,规划顺位相对固定,并且按顺位实施,规划步骤清晰。同时"三析五构"旅游规划模式中"三维"各系统的主要内容影响"五位"各系统的主要内容构建(图 4-5)。

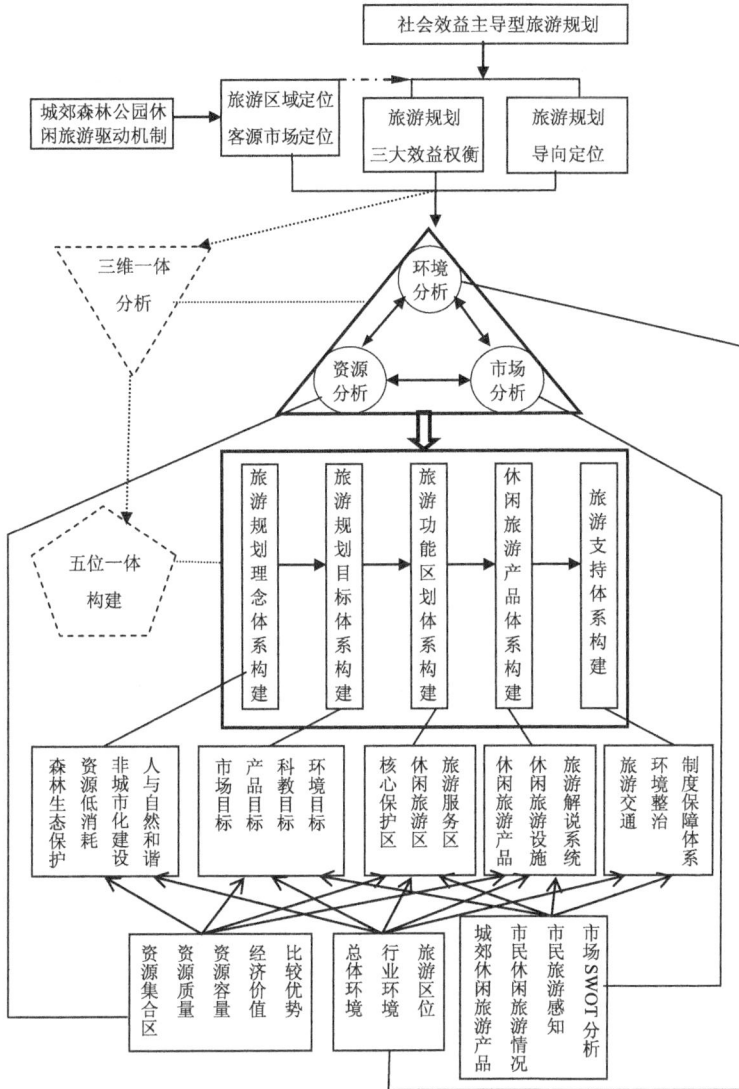

图 4-5 城郊森林公园"三析五构"旅游规划模式

第 5 章　城郊森林公园旅游规划
"三维一体"分析系统编制

5.1　城郊森林公园"三维一体"分析的意义与指导原则

5.1.1　旅游环境、资源与市场"三维"分析的意义及相互关系

城郊森林公园旅游区域定位明确了其休闲旅游发展存在的主要竞争游憩中心地,确立了其旅游规划所要分析的旅游资源的行业环境和竞争环境,城郊森林公园旅游客源市场定位确定了旅游规划所要分析的旅游者的地理范围。《旅游规划通则》认为,"旅游规划的编制要以国家和地区的社会经济发展战略为依据,与城市总体规划相适应,突出地方特色,注重区域协调,强调空间一体化发展,避免近距离不合理重复建设,加强对旅游资源的保护,减少对旅游资源的浪费"。科学规划才能促进旅游的科学发展,一些旅游规划没有经过系统的调查和分析,对当地环境、旅游资源和市场等缺乏深刻而细致的了解,不着边际地凭空乱想,"旅游开发摧毁旅游"的例子比比皆是(郭为 等 2008)。城郊森林公园旅游规划"三维"分析的目的就是要根据城郊森林公园的特色分析其休闲旅游发展所涉及的旅游环境、资源与市场情况,避免盲目建设,减少旅游资源的浪费,同时为"五位一体"系统构建提供现实依据。

旅游环境分析目的在于阐明城市居民外出休闲旅游的时代背景,说明城郊森林公园旅游规划的现实基础,明晰与城郊森林公园旅游发展相关的城市旅游环境概况,明确城郊森林公园在城市旅游环境中的旅游区位情况。旅游环境明确了旅游资源的竞争对象,为旅游资源分析确立了比较的范围,有利于旅游资源的比较优势分析。旅游环境也确立了旅游市场的地域范围,明确旅游行业环境也利于休闲旅游产品分析与旅游者休闲旅游情况分析,同时也能够以清晰的思路进行旅游市场的 SWOT 分析。

旅游资源分析是任何旅游规划不可缺少的重要一环,旅游规划在一定程度上是明确如何保护和利用旅游资源,发挥资源的旅游吸引力。城郊森林公园的两大目标是保护森林风景资源和提供社会游憩服务,旅游资源分析就在于了解城郊森林公园资源概况,区分需保护的森林资源和能够为旅游利用的旅游资源,评价旅游资源在城市旅游中的旅游吸引力。同时为旅游规划理念体系、旅游规划目标体系、旅游功能区划体系与休闲旅游产品体系构建提供资源保护与开发的现实依据。旅游资源在一定程度上影响到旅游环境,如旅游资源质量影响旅游行业环境分析的范围,也影响森林公园的旅游区位分析。旅游资源的质量与容量直接影响到旅游市场的需求量,也影响旅游者对森林公园的旅游感知。

旅游市场分析是满足旅游需求的必要环节,没有旅游需求便没有旅游规划的必要。旅游

市场分析在于调研城郊旅游产品供给情况和城市居民的休闲旅游消费需求情况,调研城市居民对目前城郊森林公园旅游资源与旅游产品等的感知情况,了解旅游市场发展潜力,让城郊森林公园更好地服务于城市居民的休闲旅游。同时为休闲旅游产品体系等"五构"系统提供市场依据。旅游市场分析在一定程度上是旅游环境分析的深化和体现,对休闲旅游发展背景等旅游环境分析提出了一些要求,城市居民的休闲消费特征也影响旅游资源容量评价及旅游资源的经济价值评价结果。

5.1.2 旅游环境、资源与市场"三维"分析的指导原则

针对性原则。应当根据城郊森林公园地处城市市区或郊区的地理区位、森林公园的森林生态资源比较优势特点、当今社会经济发展阶段城市居民的休闲旅游消费特点等因素有针对性地进行调查分析。调查应该有的放矢、重点突出,主要调查城市居民一日之内往返外出休闲旅游发展环境,调研城市旅游范围内的自然游憩中心地,分析评价森林公园能开发生态休闲旅游的森林资源,调查分析城市居民在城市范围之内的休闲旅游消费情况。

现实性原则。"三维"分析应剖析当前中国社会经济发展情况下旅游环境、资源与市场现实发展情况,分析促使城市居民外出休闲旅游的社会、经济、文化等条件,分析在当前发展阶段下城市居民休闲消费趋势特别是周末或假日外出休闲旅游消费偏好,分析当前城市居民休闲消费情况下森林公园旅游资源的生态旅游吸引力。

客观性原则。"三维"分析应当秉持客观务实的态度,正确评价城市旅游环境情况,不应主观想造就某类规划建设项目而夸大森林公园生态资源的市场价值。应该正确分析城郊森林公园在城市旅游范围内的旅游区位,真实评价森林公园资源价值,客观务实调研城市居民的平时、周末和节假日在城市范围内的休闲消费情况。

5.2 城郊森林公园旅游环境分析

根据第 4.1.1 节所述,城郊森林公园所属旅游区域定位为城市市区和城市郊区所形成的城市旅游区域,依据旅游是一种社会现象,城市旅游是一个相对完整的旅游系统,也可以看成是一个社会系统,此系统受到社会各方面的影响。城郊森林公园是城市旅游的一个子系统,城郊森林公园旅游发展受到城市旅游系统其他子系统的影响,也受到社会各方面的影响。因而城郊森林公园旅游规划需分析影响其旅游发展的总体环境,也需分析城市旅游区域范围内的行业环境即城市旅游各系统所组成的总体情况,同时也需分析城郊森林公园的区位情况,以便更好的寻找城郊森林公园旅游发展在城市旅游区域内的比较优势。

5.2.1 总体环境分析——休闲旅游发展背景分析

城郊森林公园的休闲旅游发展是社会发展到一定阶段的必然结果,城郊森林公园的旅游规划也是在一定的社会环境下对未来旅游发展的谋划,不同的社会环境对旅游规划的要求不同,规划的内容和规划的目标也不同。忽视社会发展环境的旅游规划是盲目的规划,也肯定达不到旅游规划的目标。因而城郊森林公园旅游规划首先应分析旅游发展的总体环境主要是休闲旅游发展的相关背景因素。

　　城郊森林公园旅游的总体环境分析主要是需了解影响城市居民休闲旅游发展的宏观环境,这些外围休闲旅游发展背景影响城郊森林公园旅游者消费特点,影响到景区如何进行旅游产品等方面的构建。休闲旅游发展背景主要分析需国家总体发展情况,重点是森林公园所在城市的自然环境、经济、社会文化、人口、政策法律等领域。

　　环境分析应了解世界休闲旅游发展趋势,世界休闲旅游发展趋势影响中国各大中城市的休闲旅游发展。随着世界人口的增加、自然环境的恶化、价值观的改变、经济的发展、闲暇时间的增多等方面的变化,休闲日益演变为人类的中心内容,人类愈发渴望过上轻松、平静、祥和简朴的生活(戈比 2000)。休闲正充斥着我们的现实城市生活,指引着未来的产业方向和生活模式,将成为人类生活的重要组成部分(Andreas Papatheodorou 2002)。经济环境影响到城市居民的休闲旅游消费成本预算、消费偏好、出游时间、旅游目的等。经济环境分析主要应了解全国及各地的经济发展总体概括,重点剖析相应城市长时期的经济发展趋势、城市各区建设基本情况等城市,人均可支配收入情况、城乡居民家庭人均收入和恩格尔系数等情况。如根据《中国统计年鉴·2007》数据,目前城镇居民家庭人均可支配收入是 11759.5 元,农村居民家庭人均纯收入为 3587.0 元,城镇居民家庭恩格尔系数是 35.8,农村居民家庭恩格尔系数是 43.0,此数据也进一步说明城市居民是外出休闲旅游的主体。社会文化环境和一个社会的态度和价值有关,一个国家的文化对它的社会特征和社会健康起主要作用,它们通常是人口、经济、法律政策和技术条件形成和变化的动力(明茨伯格 2004)。社会文化环境主要应分析社会的价值取向,城市居民的社会价值观、旅游价值导向、休闲方式、休闲时间的安排、对生活质量的理解、对生活环境的感知、对森林公园生态保护的感知等情况。人口环境分析主要应剖析城市人口数量与地理分布区位,掌握本城市人口的年龄结构,家庭人口概况,家庭的生活质量情况,不同结构居民的收入与消费等情况。分析人口环境为城郊森林公园区位分析提供了客源区位参照,也为旅游支持系统的交通设施规划提供参照。政策法律环境分析应主要了解影响城市居民休闲旅游的政策规定、法律条文等。

　　休闲旅游发展背景分析主要可采取收集第二手资料的方法,通过查阅相关统计数据,如城市人均收入、人口分布等,并查阅城市发展规划、相应的社会文化概况等。

5.2.2　行业环境分析——城市旅游环境分析

　　由于城郊森林公园旅游区域为城市旅游区域,城郊森林公园的旅游需求市场是城市旅游系统的组成部分。因而分析城郊森林公园旅游行业环境分析实质上就是分析城市旅游环境。只有了解城市旅游的概况才能找到城郊森林公园旅游区位的比较范围,才能进一步了解与城郊森林公园存在竞争威胁的游憩中心地,从而进一步分析城郊森林公园的资源与市场比较优势。

　　城市旅游环境分析主要应分析影响城郊森林公园旅游发展的各种主要因素。影响城郊森林公园旅游发展主要有城郊游憩中心地、饭店与交通等为旅游提供服务的企业、相关政府部门、城市居民和城郊森林公园周边社区等五个相关要素,其中重点应分析城市游憩中心地(图5-1)。

　　城市市区及郊区各游憩中心地对森林公园旅游发展构成竞争威胁。城郊森林公园作为一类旅游目的地与其他游憩中心地存在产品替代与互补的竞争关系。森林公园的主体是森林资源,从资源角度看待,最容易与之形成替代关系的是自然环境优美的城市公园等自然景区游憩

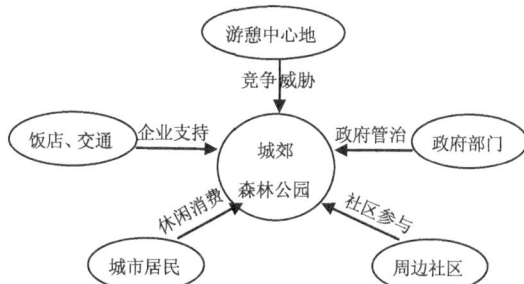

图 5-1　影响城郊森林公园旅游发展相关要素

中心地,这些游憩中心地在资源与产品差异性方面存在较小区别,游客的休闲旅游感知相近。与其存在互补关系的是城市内的博物馆与历史遗址遗迹等人文景区景点。根据旅游功能系统模型(见图 4-3)和旅游系统(见图 4-4),游憩中心地分别是旅游吸引物和旅游目的地系统,从休闲需求来看,城郊游憩中心地都可以为城市居民提供休闲空间,满足城市居民享受异于居住场所与工作场所的休闲需求。因而城郊森林公园旅游规划应分析城市公园、城市附近风景区、博物馆、历史遗址遗迹等景区景点,以及各种 RBD、CRP 等的资源情况,地理区位、交通、配套设施等情况,了解它们的产品种类及各类产品的市场吸引力、游客的消费成本、休闲消费时间、消费满意度状况等因素,为城郊森林公园旅游资源分析和旅游产品规划设计提供参照资料。

饭店、交通、商店等企业为城郊森林公园旅游发展提供支持,是城市旅游顺利发展的要素之一。根据 Gunn 的旅游功能系统模型,饭店、商店等企业为旅游吸引物提供服务,增加旅游吸引物的市场竞争力,而交通是连接需求和供给的媒介,在旅游功能系统中是必不可少的要素,根据旅游系统图,交通是出游系统的重要成分,没有交通,旅游需求就难以满足,饭店是旅游目的地系统的重要组成成分,为旅游目的地提供旅游服务。因而城郊森林公园旅游规划应分析城郊森林公园周边饭店、商店的数量及分布情况,具体分析这些企业能为城郊森林公园旅游发展带来哪些益处,分析如需添加应如何确立数量和地理位置,同时分析城郊森林公园公交线路等交通情况与道路基础实施,为城郊森林公园旅游规划构建旅游支持系统提供必要的基础。

了解旅游局、林业局、建设局等相关政府部门的旅游管治信息,也可更好地了解与贯彻国家的旅游相关政策法律制度,为更好地维护森林公园旅游环境,保护森林资源,实现旅游社会效益打下基础;了解城市居民对城市旅游各游憩中心地的旅游感知和旅游支付意愿,为城郊森林公园休闲旅游市场分析做好铺垫,同时为城郊森林公园旅游资源经济价值评析提供参照;了解周边社区的数量,人口及家庭情况,了解社区的地理分布离散情况,各社区的经济发展、风俗、教育、价值观、生活改变的接受程度,以及对城郊森林公园旅游的参与程度等的意愿与技能等情况,为城郊森林公园外围的旅游服务区划及接待服务设施规划提供相关背景资料。

5.2.3　城郊森林公园旅游区位分析

城郊森林公园旅游区位分析主要包括资源区位、客源区位和交通区位分析,了解城市旅游范围内能与城郊森林公园形成资源竞争的景区景点地理分布情况,了解城郊森林公园潜在主要客源地的地理分布情况及各客源地到城郊森林公园的交通情况,了解城郊森林公园在城市中的地理位置,为旅游资源评价比较优势分析和产品体系规划提供参照,为旅游服务区饭店、商店、停车场等提供参照,为通往城郊森林公园的公交线路设计及交通道路设施提供参考。

对城郊森林公园旅游发展影响最大的区位条件是旅游资源的区位状况,因为只有了解所规划的森林公园在城市旅游中的资源"地位",才能初步判定该景区的市场吸引力。某一景区旅游发展状况和前景,不仅取决于该区域旅游资源的绝对价值,而且更取决于资源的相对价值,即取决于景区在空间位置上与邻近区域资源的组合结构。在城市旅游某一区域内如果同质旅游资源性质的景区存在2个或2个以上,那么产品的替代性就强,一方就会对另一方造成竞争威胁,使休闲旅游的布局指向区位条件更为优越的区域。如果城市旅游某一区域内有一景区存在旅游资源具有垄断性,则该景区就会成为较大的游憩中心地。因而城郊森林公园资源区位分析主要应分析与该森林公园距离较近的景区景点的资源特点,并分析这些景区的客源区位与交通区位。

城郊森林公园旅游客源的地理位置对其旅游需求量影响是较大的,区域地理条件越好,人口越多,经济发展水平越高,旅游需求量就越大,反之,旅游需求量就越小。因而城郊森林公园旅游规划客源区位分析需详细分析城市各社区的地理区位及各社区至该森林公园的距离情况,进而分析其潜在的游客数量。客源区位在一定程度上决定该社区到城郊森林公园的交通区位,但并非全部,在城市各社区的交通便利程度一致的理想条件下客源区位与交通区位成正比,但现实各社区的交通便利程度及道路的畅通情况是不一致的。因而城郊森林公园旅游规划需分析其交通区位,重点了解其通往城市各社区的道路及公交线路等设置情况。

城郊森林公园旅游区位分析主要应采用比较分析法,寻找该森林公园在城市旅游景区景点中的"地位"。对于城郊森林公园周边社区情况及交通情况,有的还需查阅统计文献或采取现场调查法,真实调查森林公园周边人口分布和公交线路等。

5.3　城郊森林公园旅游资源分析

安索夫和德鲁克认为,企业规划是依据组织所拥有的资源勾画未来发展方向(明茨伯格2004)。从勾画未来发展方向的视角看待,城郊森林公园作为一类景区,其旅游规划与企业规划类似,需依据其所拥有的资源规划未来蓝图。城郊森林公园主要依赖于其丰裕的森林资源与相对原始的森林生态环境吸引城市居民,这也是森林公园区别于其他类别景区景点所在。然而并非森林公园整个区域都可发展旅游,也并非森林资源一定比城市其他资源更具旅游吸引力,其旅游开发的潜力也并非无限的。因而,为使旅游规划有效保护资源和利用资源,城郊森林公园旅游规划应对其旅游资源进行全面详细评析,以确定其资源特色与旅游资源容量,评判其资源在城市旅游区域范围内的比较优势,为旅游功能区域划分和休闲旅游产品体系等构建提供依据。

5.3.1　旅游资源集合区分析

旅游资源集合区是指占据一定地理空间由一类或者几类旅游资源单体按照一定的结构功能结合形成的旅游资源组合,是旅游资源分类体系中同类或异类旅游资源单体的集群。旅游资源集合区是一个多元结构的复合体。一方面,受地形地势和气候条件等自然因素影响,旅游资源集合区的旅游景观表现出明显的季节性。另一方面,随着社会的发展,不同的历史阶段、不同的民族及不同的文化道德规范又使得旅游资源集合区深深地打上了社会时代的烙印,其旅游吸引力与旅游价值呈现出时代特征。旅游资源集合区作为一个整体对外表现出集聚效应,使分散的旅游资源单体形成了一个有机的旅游资源系统,从而使各旅游资源单体的空间功能得到充分的放大,产生整体大于各分部之和的总体效益,并同时增强了旅游资源群系统对外的旅游吸引力(陈鹰 等 2007)。

旅游资源集合区分析的目的是找出城郊森林公园存在的不同资源集合区,以便对旅游资源进行进一步的评价和功能划分,如哪些资源应该重点保护,哪些资源可以开发成何种旅游产品等。可根据旅游资源的国标(GB/T 18972－2003)分类方法对森林公园旅游资源进行分类,以找出旅游资源的主类有哪些(表 5-1),然后再进一步找出不同类型旅游资源的的规模、丰度或几率。

表 5-1　旅游资源分类

属性	自然旅游资源				人文旅游资源			
主类	地文景观	水域风光	生物景观	天象与气候景观	遗址遗迹	建筑与设施	旅游商品	人文活动

注:资料来源于国家标准 GB/T 18972－2003——《旅游资源分类、调查与评价》。

城郊森林公园旅游规划只有分析其资源集合区才能进行旅游功能区域划分,进而进行休闲旅游产品系列规划,也只有区分不同的旅游资源集合区才能进一步进行更详实的旅游资源质量评析。旅游资源集合区分析可利用 GIS 技术进行旅游资源调查并制定出城郊森林公园大致的资源地域分布图,以便更好地区分不同资源的空间分布并进行功能划分。

5.3.2　旅游资源质量评价

旅游资源质量评价,是指对城郊森林公园旅游资源的价值判断,是旅游规划的重要环节,也是旅游资源分析的最重要环节。资源质量的评价结果直接影响森林公园旅游开发的程度,也直接影响如何进行森林公园的资源保护及可开发的休闲旅游产品种类。根据评价者的目的和评价方法不同,旅游资源的质量评价的结果可能差距较大,因而城郊森林公园旅游资源质量评价应重视旅游规划可能产生的生态效益,秉持社会发展导向规划,严格贯彻客观性原则,真实评价旅游资源的质量情况,并找到合适的评价方法,既要进行定性评价也要实施定量评价。

5.3.2.1　旅游资源的体验性评价

体验性评价是基于评价者(一般是旅游者或旅游专家)对于评价个体的质量体验。体验性评价根据评价的深入程度和评价结果主要可分为一般体验性评价和美感质量评价(保继刚 等 1999)。

一般体验性评价是由旅游者根据自己的亲身体验对某一或某一系列的旅游资源就其整体质量进行定性评估。如问卷调查法中询问被调查者对某一范围如全国或一城市最受欢迎的十大旅游目的地,就是对这些旅游目的地的旅游资源一般体验性评价。一般体验性评价易于确定某一区域旅游资源的旅游吸引力排序,以便确定旅游规划开发的次序或确定旅游市场的知名度。

美感质量评价是基于旅游者或专家体验的深入分析,建立规范化的评价模型,评价的结果具有可比性的定性尺度或数量值。国外对森林风景资源质量评价研究较早,经过几十年的发展在方法和技术上日趋成熟,形成以自然风景为主要研究对象的专家学派、心理物理学派、认知学派(心理学派)和现象学派(经验学派)(表5-2)。美国在当今的森林风景资源评价方法的研究及应用方面有其特色,在20世纪70年代中叶以前,森林风景质量评价基本上是依靠专家运用一些美学法则来进行的,如1974年美国林务局以风景园林专家为主要阵容开发的风景资源管理系统 VMS(Visual Management System),在国有林地的风景资源管理和保护中做出了重大贡献(欧阳勋志 等2004)。此方法的运用能更精确地判定森林景观的美感质量。

表5-2　美感质量评价的四学派理论方法比较

名称	主要观点	视角	应用价值	代表人物
专家学派	线条、形体、色彩和质地等符合形式美的风景质量高,强调多样性、奇特性、协调统一性等形式	风景独立于人,人是风景的欣赏者	20世纪70年代以来一直居于风景质量评估统治地位	利顿(R. B. Jr. Litton)
心理物理学派	把景观与审美的关系理解为刺激反应关系,建立景观表象与审美结果的数学函数关系方程式,借以预测景色美,其承认人类具有普遍一致的风景审美观	人的普遍审美观是风景价值衡量标准	在小范围的森林风景质量评价中获得了较多的应用	丹尼尔(T. C. Daniel)　布雅夫(G. J. Buhyoff)
认知学派	把自然风景作为人的生存空间,认识空间研究,强调风景对人的认知作用在情感上的影响	从人的生存需要解释风景审美过程	难以在大规模的、要求有量化的自然风景质量评价中得到应用	阿普尔顿(Appleton)
现象学派	强调人对风景的主观作用,从体验和定性的角度出发,把风景视为一个综合体加以观察与描述	风景美是人的个性和其文化等的表现	不能为风景评价者直接应用,实用价值小	洛温撒尔(Lowenthal)

注:本表根据保继刚等(1999)部分资料整理而成。

5.3.2.2　定性与定量结合的旅游资源单体质量评价

了解旅游资源单体的质量能更好地了解景区的整体旅游资源质量。旅游资源单体是可作为独立观赏或利用的旅游资源基本类型的单独个体,包括"独立性旅游资源单体"和由同一类型的独立单体结合在一起的"集合型旅游资源单体"。旅游资源的体验性评价尽管有些量化,但整体偏重于定性评价,评价因子和量化指标不明确,因而进行正确地旅游资源评价离不开科学的评价标准。由于中国目前的旅游资源调查和分类主要采用国家标准,为统一标准和利于比较,当前在旅游资源单体的质量评价也广泛使用国家标准,采取定性与定量结合的评价方法,主要评价旅游资源单体的资源要素价值和资源影响力,共100分,其中资源要素价值为85分,包含观赏游憩使用价值(30分)、历史文化科学艺术价值(25分)、规模、丰度与几率(10分)、完整性(5分)。资源影响力15分,包含知名度和影响力(10分)适游期或使用范围(5分),每个评价因子一般分为四级,并根据级别赋值(表5-3)。

表 5-3　旅游资源评价赋分标准

评价项目	评价因子	评价依据	赋值
资源 要素 价值 （85分）	观赏游憩 使用价值 （30分）	全部或一项价值极高	30～22
		全部或一项价值很高	21～13
		全部或一项价值较高	12～6
		全部或一项价值一般	5～1
	历史文化 科学艺术 价值 （25分）	同时或其中一项具有世界意义	25～20
		同时或其中一项具有全国意义	19～13
		同时或其中一项具有省级意义	12～6
		同时或其中一项具有地区意义	5～1
	珍稀奇特 程度 （15分）	大量珍稀物种，或景观异常奇特，其他地区罕见	15～13
		较多珍稀物种，或景观奇特，其他地区很少见	12～9
		少量珍稀物种，或景观奇特，其他地区少见	8～4
		个别珍稀物种，或景观比较突出，其他地区较多见	3～1
	规模、丰度 与几率 （10分）	独立性单体规模巨大，集合型单体结构完美，疏密 度优良，自然和人文活动发生频率极高	10～8
		…规模较大，…结构很和谐，…较好，…很高	7～5
		…规模中等，…结构和谐，…较好，…较高	4～3
		…规模较小，…结构较和谐，…一般，…较小	2～1
	完整性 （5分）	形态与结构保持完整	5～4
		形态与结构有少量变化，但不明显	3
		形态与结构有明显变化	2
		形态与结构有重大变化	1
资源影响力 （15分）	知名度 和影响力 （10分）	世界知名，或世界承认的名牌	10～8
		全国知名，或全国性名牌	7～5
		本省知名，或省内名牌	4～3
		地区知名，或地区名牌	2～1
	适游期或 使用范围 （5分）	年适游超300天，或适宜所有游客使用与参与	5～4
		年适游超250天，或适宜80%游客使用与参与	3
		年适游超150天，或适宜60%游客使用与参与	2
		年适游超100天，或适宜40%游客使用与参与	1

注：资料来源于国家标准 GB/T 18972－2003——《旅游资源分类、调查与评价》。

在目前阶段下，绝大多数旅游规划是依托国家标准来进行旅游资源的分类和评价的。不过有专家认为，在目前认识水平下，按国标进行旅游资源评价往往看似定量科学，实则带有很大的主观随意性(刘家明 2006)。尽管存在不同意见,但国标的评价因子通用于各类旅游目的地资源,其分值突出了旅游资源的观赏游憩价值和历史文化科学艺术价值,该方法评价结果对城郊森林公园旅游规划有一定的借鉴意义。

5.3.2.3　森林公园旅游资源质量评价

森林公园的资源主体是森林风景资源。森林风景资源是自然旅游资源的主体之一,由于建设森林公园的宗旨是保护森林风景资源和为社会提供休闲旅游服务,因而森林公园旅游资源质量评价也应考虑森林旅游资源的自然生态特点,并有利于保护森林风景资源和为社会提供休闲旅游服务。由于我国森林旅游起步较晚,目前尚无统一的评价方法,现有的森林旅游资源质量评价的方法很多,包括森林景观质量评价及森林旅游资源的综合评价等,但其中可以真正可以从根本上对资源进行有效评价的还没有形成一个体系(赵红霞 等 2006),因而森林公园旅游资源质量评价需找到合适的方法。

森林公园作为一类景区,其旅游资源的吸引力不仅在于景区资源质量本身价值,由于旅游者休闲旅游需考虑休闲成本因素和休闲效益,森林公园旅游资源的吸引力还在于森林公园作为旅游目的地的客观条件,因而森林公园旅游资源质量评价在一定程度上就是森林公园旅游资源的综合评价。对旅游资源综合评价最常用的是采用层次分析法逐层确立评价因子和权重,评估值计算采用旅游地综合评价模型——罗森伯格—菲什拜因数学模型:

$$E = \sum_{i=1}^{n} Q_i P_i \tag{5.1}$$

式中:E 为旅游地综合性评价结果值,Q_i 为第 i 个评价因子的权重,P_i 为第 i 个评价因子的评价值,n 为评价因子的数目。

森林公园旅游资源质量评价可采用森林旅游资源评价方法,如根据森林旅游资源特点进行评价因子结构分层和权重分配的百分评价法。森林旅游资源百分评价法的评价要素分为 4 个层次,依据森林旅游资源的景观特征、属性、类型和开发条件,以风景质量为重点,兼顾旅游开发条件。风景质量可分为森林风景等 7 类,开发条件包括地域位置等 6 类,总共由 2 大部类、13 个类目、20 个项目所组成。权重分配以森林旅游资源总体为 100 分,风景质量占 70 分,开发条件占 30 分,各评价因子权重不完全一致(图 5-2),为便于操作,每个评价要素分别按 1、3、5 分三级制定评价标准(冯书成 等 2000)。此类评价方法突出了林景资源,评价项目较少,操作相对简单,适合资源不太复杂的森林公园进行旅游资源评价。

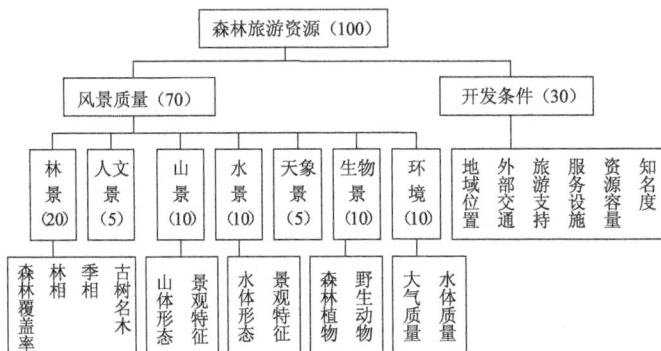

图 5-2　森林旅游资源百分评价法

(资料来源于冯书成等(2000),有修改;未标分值的都为 5)

为体现森林公园的资源特点和休闲环境,森林公园旅游资源综合评价需突出地文景观、水域风光、生物景观等自然旅游资源,《中国森林公园风景资源质量等级评定》"作为森林公园保护、开发、建设和管理的依据",成为广大森林公园旅游资源质量评价的主要依据。《中国森林公园风景资源质量等级评定》把森林公园风景资源划分为地文资源、水文资源、生物资源、人文资源、天象资源 5 大类,每类资源确定 5 个评价因子及四等级不同分值,其中资源类型及评价因子都界定了评价的范围或主要内涵(表 5-4)。

表 5-4　森林公园风景资源质量评价资源类型与评价因子

项目		主要内容
资源类型	地文资源	包括典型地质构造、标准地层剖面、生物化石点、自然灾变遗迹、名山、火山熔岩景观、奇特与象形山石、沙(砾石)地、沙(砾石)滩、岛屿、洞穴及其他地文景观
	水文资源	包括风景河段、漂流河段、湖泊、瀑布、泉、冰川及其他水文景观
	生物资源	包括各种自然或人工栽植的森林、草原、草甸、古树名木、奇花异草等植物景观;野生或人工培育的动物及其他生物资源及景观
	人文资源	包括历史古迹、古今建筑、社会风情、地方产品及其他人文景观
	天象资源	包括雪景、雨景、云海、朝晖、夕阳、佛光、蜃景、极光、雾凇及其他天象景观
评价因子	典型度	指风景资源在景观、环境等方面的典型程度
	自然度	指风景资源主体及所处生态环境的保全程度
	多样度	指风景资源的类别、形态、特征等方面的多样化程度
	科学度	指风景资源在科普教育、科学研究等方面的价值
	利用度	指风景资源开展旅游活动的难易程度和生态环境的承受能力
	吸引度	指风景资源对旅游者的吸引程度
	地带度	指生物资源水平地带性和垂直地带性分布的典型特征程度
	珍稀度	指风景资源含有国家重点保护动植物、文物各级别的类别、数量等方面的独特程度
	组合度	指各风景资源类型之间的联系、补充、烘托等相互关系程度
	特色附加	风景资源单项要素在国内外具有重要影响或特殊意义,按附加分规定分值进行评分

注:本表根据《中国森林公园风景资源质量等级评定》(GB/T18005－1999)相关资料整理而成。

森林公园风景资源质量评价根据各评价因子评分值加权计算获得风景资源基本质量分值,并在综合分析各类风景资源组合状况及资源的特殊意义后,给予评分,三者加权获得森林公园风景资源质量评定分值(图 5-3,表 5-5)。其评价分值按式(5.1)计算:

$$B = \sum X_i F_i / \sum F \qquad (5.2)$$

式中:B 为风景资源基本质量评分值,X 为风景资源类型评分值,F 为风景资源类型权数。

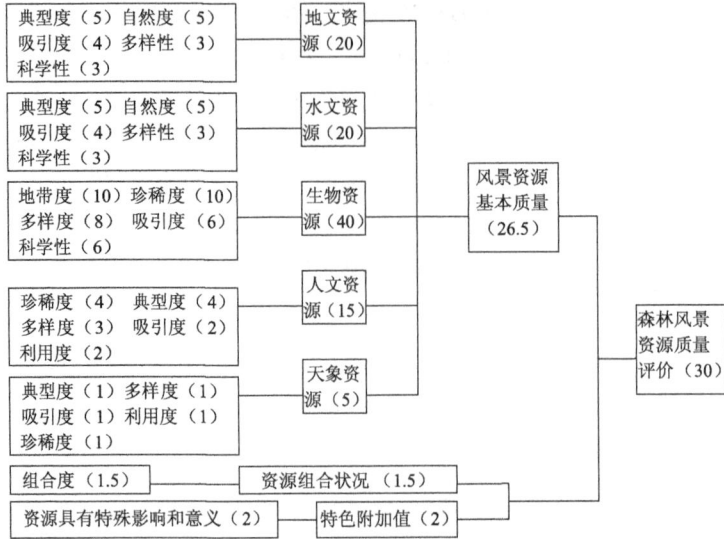

图 5-3 森林公园风景资源质量评价

(资料来源于《中国森林公园风景资源质量等级评定》(GB/T18005－1999))

表 5-5 森林公园风景资源质量评价因子评分值

评价类别(分值)	评价因子	权值	极强	强	较强	弱
地文资源(20)	典型度	5	5	4～3	2	1～0
	自然度	5	5	4～3	2	1～0
	吸引度	4	4	3	2	1～0
	多样性	3	3	2	1	1～0
	科学性	3	3	2	1	1～0
水文资源(20)	典型度	5	5	4～3	2	1～0
	自然度	5	5	4～3	2	1～0
	吸引度	4	4	3	2	1～0
	多样性	3	3	2	1	1～0
	科学性	3	3	2	1	1～0
生物资源(40)	地带度	10	10～8	7～6	5～3	2～0
	珍稀度	10	10～8	7～6	5～3	2～0
	多样度	8	8～6	5～4	3～2	1～0
	吸引度	6	6～5	4	3～2	1～0
	科学性	6	6～5	4	3～2	1～0

续表

评价类别（分值）	评价因子	权值	极强	强	较强	弱
人文资源（15）	珍稀度	4	4	4－3	2	1～0
	典型度	4	4	4～3	2	1～0
	多样度	3	3	2	2～1	1～0
	吸引度	2	2	2～1	1～0.5	0.5～0
	利用度	2	2	2～1	1～0.5	0.5～0
天象资源（5）	典型度	1	1～0.8	0.7～0.5	0.4～0.3	0.2～0
	吸引度	1	1～0.8	0.7～0.5	0.4～0.3	0.2～0
	珍稀度	1	1～0.8	0.7～0.5	0.4～0.3	0.2～0
	多样度	1	1～0.8	0.7～0.5	0.4～0.3	0.2～0
	利用度	1	1～0.8	0.7～0.5	0.4～0.3	0.2～0
组合状况（1.5）	组合度	1.5	1.5～1.2	1.1～0.8	0.7～0.4	0.3～0
影响意义（2）	附加分	2	2～1.5	1.4～1.0	0.9～0.5	0.4～0

注：资料来源于《中国森林公园风景资源质量等级评定》（GB/T18005－1999）。

森林公园风景资源质量评价分值按式（5.3）计算：

$$M = B + Z + T \tag{5.3}$$

式中：M 为森林公园风景资源质量评价分值，B 为风景资源基本质量评分值，Z 为风景资源组合状况评分值，T 为特色附加分。

城市居民到城郊森林公园休闲旅游一方面是为了放松心情，同时也是为了体验幽静的森林生态环境，吸收有利于身体健康的清新空气，因而城郊森林公园旅游资源评价还需评价森林公园区域环境质量和旅游开发利用条件，确定森林公园内旅游环境适宜度。森林公园区域环境质量评价指标包括大气质量、地表水质量、土壤质量、负离子含量、空气细菌含量（表5-6），评价分值计算由各项指标评分值累加获得。

表 5-6　森林公园区域环境质量评价评分标准

评价项目（分值）	评价指标	评价分值
大气质量（2）	达到国家大气环境质量（GB3096－1996）一级标准	2
	达到国家大气环境质量（GB3096－1996）二级标准	1
地面水质量（2）	达到国家地面水环境质量（GB3838－1988）一级标准	2
	达到国家地面水环境质量（GB3838－1988）二级标准	1
土壤质量（1.5）	达到国家土壤环境质量（GB15618－1995）一级标准	1.5
	达到国家土壤环境质量（GB15618－1995）二级标准	1

评价项目(分值)	评价指标	评价分值
负离子含量(2.5)	旅游旺季主要景点其含量为 5 万个/cm³	2.5
	旅游旺季主要景点其含量为 1 万～5 万个/cm³	2
	旅游旺季主要景点其含量为 0.3 万～1 万个/cm³	1
	旅游旺季主要景点其含量为 1000～3000 个/cm³	0.5
空气细菌含量(2)	空气细菌含量为 1000 个/cm³ 以下	2
	空气细菌含量为 1000～10000 个/cm³	1.5
	空气细菌含量为 1 万～5 万个/cm³	0.5

注:资料来源于《中国森林公园风景资源质量等级评定》(GB/T18005－1999)。

　　城郊森林公园旅游开发利用条件包括公园面积、旅游适游期、区位条件、外部交通、内部交通、基础设施等,评价分值按指定开发利用条件指标进行评价获得(表5-7)。

表 5-7　城郊森林公园旅游开发利用条件评价指标评分标准

评价项目(分值)	评价指标	评价分值
公园面积(1)	森林公园规划面积大于 500hm²	1
旅游适游期(1.5)	大于或等于 240 天/年	1.5
	150～240 天/年	1
	小于 150 天/年	0.5
区位条件(1.5)	距市中心小于 20 km	1.5
	距市中心 20～50 km	1
	距市中心大于 50 km	0.5
外部交通(4)	公交线路多,道路畅通,市中心出发单程耗时 1 小时之内	4～3
	公交线路少,道路不太畅通,市中心出发单程耗时大于 1 小时	2～0
内部交通(1)	区域内有多种交通方式可供选择,具备游览的通达性	1
	区域内交通方式较为单一	0.5
基础设施条件(1)	通水电,有较为完善的内外通讯条件,旅游接待服务设施较好	1
	通水电,有通讯和接待能力,但各类基础设施条件一般	0.5

注:资料来源于《中国森林公园风景资源质量等级评定》(GB/T18005－1999),有修改。

　　森林公园风景资源质量等级评定分值按式(5.4)计算:

$$N = M + H + L \qquad (5.4)$$

式中:N 为森林公园风景资源质量等级评定分值,M 为森林风景资源质量评价分值,H 为森林公园区域环境质量评价分值,L 为森林公园旅游开发利用条件评价分值。

5.3.3　旅游资源容量评价

　　前文已述,城郊森林公园旅游规划应体现社会发展导向,以社会效益为主导,城郊森林公园旅游发展不以最大容量接待游客人数为目标,而应满足城市居民的休闲目的,给予城市居民充足的休闲空间,同时传播生态文明,创造人与自然和谐的空间环境。因而城郊森林公园的旅游容量评价基本容量概念选择及测算方法都应无损于旅游资源质量。

5.3.3.1　旅游容量概念体系

旅游容量指旅游地规划开发以旅游可持续发展为前提,在不影响后代对旅游资源永续利用的前提下,一定时间之内旅游地环境和经济能力、旅游地居民和旅游者心理等方面所能承受的最大游客数量。旅游容量是旅游规划关注的焦点之一,在旅游概念容量的概念体系中,有五种基本容量(表 5-8)。

表 5-8　旅游容量概念体系

基本容量	主要内涵	相互关系
旅游资源容量	保持旅游资源质量的前提下,旅游资源所能容纳的游客数	①资源容量越大,生态容量越大,反之不成立 ②心理容量作为需求容量受其他四个供给容量影响,呈正相关关系,供给容量不受心理容量影响 ③经济容量与社会容量呈正相关关系 ④旅游地容量取决于五者中最小的
旅游生态容量	旅游地域自然生态环境不退还前提下,旅游地域能容纳的游客数	
旅游心理容量	旅游者认为旅游活动质量不降前提下,旅游地域能容纳的游客数	
旅游经济容量	旅游区域经济稳健发展能容纳的游客数量	
旅游社会容量	旅游区域社会稳健发展能容纳的游客数量	

注:资料来源于保继刚等(1993)。

城郊森林公园旅游规划是在维护生态效益的基础上发展旅游,应使森林公园内地文资源、水文资源、生物资源,以及大气、水、土壤等旅游资源与环境源质量损耗最小,以此为目标,森林公园旅游资源容量客观上总体小于其他四个旅游容量,因而城郊森林公园旅游规划旅游容量的评价只须衡量旅游资源容量即可。

5.3.3.2　城郊森林公园旅游资源容量评价方法

城郊森林公园旅游资源容量评价需根据森林公园资源集合区分布情况和旅游资源质量情况,依据森林公园景观特征、资源类型和游览方式的不同,确定可能测算方法,可根据实际情况分别采取线路法、面积法和卡口法[*]。山林地带、洞穴等景观因地形的限制,大部分区域游客不可进入,基本是沿各类旅游道路游览观赏,因而以线路法为主进行测算。人文景观游览场所、各类参与性的人文活动场所可按各自实际使用的面积采用面积法测算。而一些只能通过某一个瓶颈地带才能到达的特殊游览场所则可采用卡口法测算。

(1)线路法测算。如果旅游线路是闭合的,即游客进入景区游览时可从其他路线返回,而不需沿原路返回,则此游览线路的旅游容量为:

$$C = \frac{K \times L}{M} \quad K = \frac{T}{T_0} \tag{5.5}$$

---

[*]　卡扣法是指通过测量某一个瓶颈地带的游客人数来测量某一景区资源容量的一种测算方法。当某时段景区资源容量大于卡口通过的合理游客人数时可用此方法。

式中:C为旅游容量;L为游览线路总长度;M为基本空间标准,即游客人均占有游览线路长度;K为周转率;T为游览线路开放时间;T_0为游完全部游览线路所需时间。

如果游览线路是单向的,即游客需按原路返回,则采用不完全游览线路法测算,其公式为:

$$C = \frac{K \times L}{M + \left(M \times \frac{T_0}{t_0}\right)} \tag{5.6}$$

式中:t_0为沿游览线路返回所需时间,其他字母含义同(5.5)式。

(2)面积法。根据城郊森林公园景点适宜开展游览的面积计算,公式为:

$$S = \frac{A}{A_0} \times \frac{T}{T_0} \tag{5.7}$$

式中:S为旅游容量,A为景点可游览面积,A_0为每人最低空间标准,T为每日开放时间;T_0为单人游览时间。

(3)城郊森林公园日旅游容量。城郊森林公园每日总的旅游容量只须把各个测算点的游客数相加即可。即:

$$E_日 = \sum C + \sum S + \cdots \tag{5.8}$$

式中:C,S代表各测算点。

(4)城郊森林公园年旅游容量测算。计算公式为:

$$G_年 = E_日 \times N \times F \tag{5.9}$$

式中:$G_年$为年旅游容量;$E_日$为日旅游容量;N为全年适宜旅游的天数;F为旅游系数,即游客可达到的饱和程度。

城郊森林公园各种线路法、面积法和卡口法的基本标准都应以维护旅游资源质量稳定为前提,需采用客观的测算方法,个人面积或游览线路长度等标准可借鉴其他森林公园游客现实使用或国际上普遍采用的标准范围,同时借鉴生物专家的相关观点,采纳最小的测算结果作为森林公园总的旅游容量。

5.3.4　旅游资源经济价值评价

旅游资源的经济价值在很大程度上建立在森林旅游资源质量基础上(马剑英 2001),也依赖于旅游资源容量。旅游资源经济价值评价是以资源经济学为理论基础,以货币形式衡量或预估特定旅游资源所具有的经济潜力,也是评价城郊森林公园旅游资源的市场经济价值。

5.3.4.1　城郊森林公园旅游资源经济价值评价的必要性

尽管城郊森林公园旅游规划不偏重其经济效益,而应强调生态效益和社会效益,但城郊森林公园作为一个游憩中心地,市民到此休闲旅游一般需花费半天至一天时间,需要消费餐饮、食品、水及其他商品等,当然还有小部分外地散客到城郊森林公园休闲旅游,这部分游客更需要消耗餐饮等旅游产品。从目前的现实情况看,城郊森林公园旅游完全免费还不太可能,部分景点需收门票,这对市民及外地游客都是一笔开支,同时市民外出休闲旅游也需旅途费用,对旅游资源质量评价也包含了出行的交通条件。因而旅游资源经济评价既是旅游资源质量价值的实践验证,休闲旅游市场分析的基础,也是旅游产品规划和交通设施规划的前提。

5.3.4.2　城郊森林公园旅游资源经济价值评价方法

旅游资源经济价值评价方法主要来源于环境学、经济学、社会学、心理学、行为学等学科,与环境影响评价理论有着直接的渊源关系,并随公共产品理论、福利经济学中的消费者剩余和个人偏好等理论的发展而不断完善。20 世纪 70 年代以后,随着福利经济学对消费者剩余、机会成本、非市场化商品与环境等公共产品价值的思考,旅游资源经济价值评价逐步形成理论体系。旅行费用法(TCM)和条件价值法(CVM)是目前世界上最为流行的两种资源经济价值评估方法,这两种方法曾在 1979 年和 1983 年两次被美国水资源委员会推荐给联邦政府有关机构作为旅游价值评估的标准方法(马剑英 2001),目前此两种方法在中国也广泛使用,也适用于城郊森林公园旅游资源经济价值评价。

旅行费用法是基于替代品市场的经济评价,由于人们不直接购买和出售资源环境质量,因此资源环境的价值不能通过直接利用交易中的价格和数量来显示,但通过观察人们的市场行为可推测其显示的环境好坏,利用相关市场的消费行为,如游客直接支付的交通费、游览花费的时间等,可来评价资源环境物品的价值。旅行费用法适用于人们花费一定时间可以到达的用于娱乐的森林、湿地或风景名胜区和有娱乐性副产品的场所。城郊森林公园风景资源的许多直接使用价值均无法直接利用市场价格来定量,而是通过人们的市场行为来推测较为合理。旅行费用法的主要步骤(肖平 等 2007)为:(1)划分旅游费用支出项目;(2)抽取游客样本,调查实际费用支出,并估计游客人均费用支出,须配合条件价值法;(3)估计一定时期到该景点平均游客数量;(4)计算某一景区的年游憩价值和景区游憩总价值现值 P。

景区年度旅游价值 = 某年游客数量×人均费用支出或人均支付意愿

$$P = \sum_{t=0}^{N} \frac{X}{(1+i)^t} \tag{5.10}$$

式中:N 为风景区能提供游憩服务的年数(设 $N \to \infty$),i 为折现率,X 为 t 年游憩价值。

条件价值法又称支付意愿法,是通过采访、调查问卷等方式和数据分析,导出被调查者对公共物品的偏好,并导出被调查者对森林风景资源的保存和改善而支付的意愿,从而导出旅游资源的经济价值。20 世纪 90 年代以来,我国学者的研究结果表明,条件价值法的确在公共物品的价值评估方面具有相当大的潜力(张茵 2005)。

城郊森林公园旅游资源经济价值评价可采用旅行费用法调查在森林公园休闲的旅游者,了解他们总的费用结构及花费情况,而条件价值法可以评估城市居民对森林公园休闲旅游的支付意愿,了解潜在游客的休闲旅游预算。旅行费用法和条件价值法结合使用不仅可以得知森林公园旅游资源带来的总的经济收益,同时可验证森林公园在餐饮、商铺、内外交通设置方面的情况,为森林公园旅游功能区域规划及产品规划和旅游支持体系规划提供参照,同时也可间接了解游客对森林公园的旅游感知。

5.3.5　旅游资源比较优势分析

赫克歇尔—俄林要素禀赋理论认为,最值得市场开发的是那些具有比较优势的资源,旅游规划的目的之一就是发挥旅游资源的优势。城郊森林公园旅游资源在城市旅游环境中可能不具有垄断优势,特别是那些资源不丰富城市郊区森林公园,但可开发其具有比较优势的资源而获得市场青睐。因而分析旅游资源在城市旅游区域内的比较优势是城郊森林公园旅游规划的必要环节,也是进行有限制的资源开发和减少资源损耗的必要环节。

分析城郊森林公园旅游资源的比较优势需依据上述城郊森林公园旅游资源集合区分析、旅游资源质量评价、旅游资源容量评价和旅游资源经济价值评价的结果,并以最小的资源损耗及最大的旅游综合效益为指导原则,分析城郊森林公园不同旅游资源集合区资源要素旅游规划比较优势,同时找出城郊森林公园旅游资源城市旅游环境中的比较优势。同时也应分析旅游资源在城市旅游环境中的市场比较优势,对资源进行旅游规划开发不应把规划区域看成是封闭、孤立的区域,而应从相邻区域或更大的城市旅游区域范围来进行比较分析,避免盲目的长官意志式旅游规划,需根据城市休闲旅游市场的分析结果分析旅游规划的比较优势。

5.4 城郊森林公园休闲旅游市场分析

分析旅游市场需求是任何景区旅游规划的必要步骤,城郊森林公园旅游规划目的也是更好地满足旅游市场需求。了解休闲旅游市场不是为了一味地迎合市民的需求,而是更好地掌握需求特征,以便在最大程度维护森林旅游资源质量与减少资源损耗的前提下满足市民的合理需求,在保障森林旅游生态效益的基础上提高城市居民的休闲生活质量,进而提高旅游的社会效益。

要更好地满足城市居民的休闲需求,应充分利用观察法、访问法或问卷调查法调研第一手资料并做必要的数据量化分析。首先应调查了解城市旅游环境中有哪些休闲旅游产品,这些休闲旅游产品的地理区位情况如何及其消费情况如何,其次应调查分析城市居民休闲旅游消费特征,并了解城市居民对城郊森林公园未规划之前的旅游感知情况。最后应分析城郊森林公园在城市旅游区域内的市场潜力,以便更准确了解城郊森林公园的市场地位,为旅游功能区划和休闲旅游产品规划等提供清晰思路。

5.4.1 城郊休闲旅游产品分析

城郊休闲旅游产品分析是旅游行业环境分析的深化,也是休闲旅游产品体系构建的前提。应在旅游行业环境分析的基础上,详细调查分析城市居民偏好的休闲场所区位、数量与特色;居民短期假日消费的休闲产品类别;休闲旅游景区的产品类别与产品特色、景区的休闲旅游设施与旅游解说系统等,分析这些产品的市场竞争力,为城郊森林公园休闲旅游产品体系规划提供参照。

要了解城郊休闲产品的市场情况,首先应了解城市居民休闲活动所涉及的产品类别。城市居民休闲消费方式涉及消遣娱乐、怡情养生、体育健身、旅游观光、社会活动、教育发展等休闲产品类别,包含散步、攀岩、参加旅游节等各种社会活动,以及逛城市绿地、风景区、各类型公园等(表5-9)。因而了解城市消遣娱乐场所、体验健身场所等市民休闲场所的地理位置、产品种类及市场消费情况能够更全面地了解分析城市休闲旅游产品。

城市居民休闲方式中属于休闲旅游范畴的主要有逛城市风景区、各类型公园等旅游观光类和参观博物馆等教育发展类。这些场所形成城市各游憩中心地,作为休闲旅游目的地与城郊森林公园存在产品替代与互补关系,因而是城郊休闲旅游产品分析的核心部分。根据前文所述(见第3.3节),城市居民外出休闲旅游考虑的主要因素是资源、距离和时间,时间和距离的制约与资源的吸引力产生冲突,其结果形成了市民休闲旅游产品的空间顺位(表5-10)。城市休闲旅游产品分析重点应剖析各社区主要的公园与博物馆等景点情况,城郊各公园包括风景区、森林公园等的客源分布与交通设施等状况。

表 5-9　城市居民休闲方式分类一览表

产品类别	休闲目的	活动内容
消遣娱乐	文化娱乐	歌舞、影视、广播、网络
	吧式消费	酒吧、茶吧、书店、咖啡屋等
	闲逛闲聊	散步、逛街、逛商场、聊天
怡情养生	养花养宠物	花、草、树、鱼、兽等
	业余爱好	琴棋书画、摄影、茶、牌、写作、发明等
体育健身	一般健身	游泳、太极、登山及各种需要健身器材的健身运动
	时尚刺激	攀岩、漂流、潜水、探险等
旅游观光	远程旅游	体验异地自然风光、名胜古迹、民族风情等
	近程休闲	逛城市绿地、风景区、公园、广场、动物园、植物园等
社会活动	私人社交	聚会、婚礼、生日、毕业等
	公共节庆	民族传统的各种节日、纪念日庆典、旅游节、宗教活动等
	社会公益	社会工作、公益活动、志愿者活动等
教育发展	参观访问	博物馆、纪念馆、展览馆、宗教场所
	休闲教育	学习乐器、书法、绘画等

注:资料来源王雅林(2003),有修改。

表 5-10　城市休闲空间的层次特征

类型	主要功能	大约面积	距离	特征
区域公园	驾车或乘公交 通常周末或偶尔光顾	400hm²	3.2~8km	大片自然郊野、公共林地和土地,主供休闲之用,从事某些非密集型主动休闲活动。位置优越的地方设有停车场
城市公园	驾车或乘公交 通常周末或偶尔光顾	≥60 hm²	≥3.2km	自然郊野地、公共森林或正规公园,提供休闲活动,可能含有娱乐场地,足够的停车场
城市各区公园	周末或偶尔光顾 步行、骑车、驾车或短途公交	20 hm²	1.2 km	景观优美,提供各种休闲活动,包括户外体育活动、儿童游乐活动和日常休闲活动
地方性公园	供步行游览者使用	2 hm²	0.4 km	环境优美,提供各种场地游戏、儿童游戏、观赏性活动
小型地方公园	供步行者使用,尤其老人与儿童,在高密人区重要	2 hm²	0.4 km	花园、观赏区、儿童游乐场
线性公共空间	供步行游览者使用	不确定	可行 km	河道两旁、人行道、广场等,提高日常休闲活动机会

注:资料来源于霍尔等(2007);可行 km 是指在河道两旁、人行道、广场等地能够让游客步行的道路长度。

5.4.2　城市居民休闲旅游情况调查分析

5.4.2.1　了解城市居民休闲旅游情况对城郊森林公园旅游规划的价值

旅游客源是旅游规划的原动力,客源市场分析理应成为旅游规划的重点。旅游客源市场分析准确与否,直接关系到旅游规划产品的经济效益与社会效益。了解城市居民休闲旅游消费特征能更精确预测城郊森林公园旅游资源的经济价值,便于旅游资源的比较优势分析,能为休闲旅游区域体系规划、旅游服务区域规划、旅游产品体系构建及旅游支持体系构建提供依据。

5.4.2.2　城市居民休闲旅游情况调查主要内容

(1)休闲时间与出游频率。了解城市居民平时、周末与节假日的休闲时间,以及外出休闲旅游的频率能对城郊森林公园旅游交通设施规划特别是其中的公交线路时间安排提供依据,同时也能了解不同市民休闲旅游方式。如调查了解城市居民平时、周与节假日休闲时间分布情况,可调查每天 2 小时以下、2~4 小时、4 小时以上等不同时段的居民选择比例,依据这些时段分布比例结合交通时间可推断城市居民不同距离游憩中心地的选择。市民出游的频率能更全面掌握市民到城郊森林公园休闲旅游的概率。如了解市民每周外出休闲旅游的次数,并根据不同游憩中心地的选择可预测市民到城郊森林公园休闲旅游的概率。

(2)休闲目的与休闲场所的选择。休闲旅游是行为主体改善生活,提高生活质量的一种主动体验方式。市民出游目的明确,并根据出游目的选择休闲场所,了解城市居民出游目的有助于判断市民的休闲场所。如以"放松心情、消除疲劳"为目的的休闲活动可能选择风景区、城市公园等场所或待在家里,以"开阔眼界、增长见识"为目的的休闲活动可能选择图书馆或博物馆等教育场馆。由于一个休闲目的可能具有多种休闲活动选择,因而综合调查分析休闲目的、休闲场所及景区景点的选择能更清晰的了解其中的联系。

(3)选择出游目的地主要考虑因素及城郊旅游景区景点选择。城市居民到城郊景区景点休闲旅游是半天或一天的休闲游览,不存在大量的购物,因而调查市民外出休闲旅游选择目的地主要考虑的因素可以调查访问距离、交通、费用、人文特色、自然环境、休闲设施、知名度、安全、餐饮、娱乐活动、其他等的选择比例,从中分析市民对城郊森林公园旅游规划的关注因素及程度。由于市民外出休闲旅游的时间及费用约束,城郊景区景点与城郊森林公园存在较为明显的替代关系,因而调查分析城郊景区景点市民的出游选择概率能更准确判断城郊森林公园在城市旅游环境中的市场优劣势。

(4)其他。要全面掌握城市居民休闲旅游情况,准确分析城郊森林公园旅游市场发展前景,还应调查了解市民外出休闲旅游的出游方式、支付意愿、个人资料,如年龄、职业、性别、学历、收入、居住区位等信息,以便根据各细分市场进行相应休闲旅游产品规划。

5.4.2.3　城市居民休闲旅游情况调查的方法

为体现休闲旅游发展的最新趋势,应充分收集城市居民在城市旅游区域内休闲旅游情况的第一手资料,因为到城郊景区景点休闲的市民是城郊森林公园休闲旅游的客源主体。主要可到城郊各景区景点调查城市居民的休闲旅游消费特征,采用观察法、访谈法、问卷调查法等收集休闲旅游者休闲时间、出游频率、休闲目的、休闲场所选择等方面的信息,然后采用 Excel 等工具进行数据分析,总结调研结果。

5.4.3　城市居民对城郊森林公园的旅游感知调查分析

洛格鲁和布恩伯格认为,整体旅游观光意象由认知意象与情感意象所组成,是一种内在心理知觉的评估过程(张中华 等 2008),森林公园景观认知要通过旅游者内在的知觉与情感评估来完成,城市居民通过对城郊森林公园客观景物的不断接触进而产生对其休闲旅游的情感依附。通过不同调查访问方式获取城市不同区位居民对城郊森林公园的旅游感知信息可为休闲旅游产品系列规划、休息旅游设施规划与旅游解说系统构建提供依据。

Goodrich 等认为,旅游感知形象与旅游者或潜在旅游者的行为动机、旅游决策、服务质量的感受及满意程度等因素存在密切关系(郭英之 2003)。因而需调研了解城市居民在待规划城郊森林公园休闲旅游的旅游动机、旅游景点的选择、对旅游交通的感知、旅游支付意愿、旅游服务设施、生态保护、改进措施等方面的信息。调研同样采用观察法、访谈法、调查问卷法等方法和 Excel 等工具,但应重视社区参与,通过深入访谈了解市民对待规划城郊森林公园的规划建议。

5.5　城郊森林公园发展休闲旅游的 SWOT 分析

5.5.1　结合旅游环境、资源与市场进行 SWOT 分析的必要性

SWOT 分析法是战略规划设计学派的著名分析模型。该模型从企业内外部环境视角对企业的发展进行优势(Strength)、劣势(Weakness)、机会(Opportunity)和威胁(Threat)分析,其中 SW 代表内部因素,主要用来分析内部条件,着眼于企业的自身实力及其竞争对手的比较;OT 代表外部因素,主要用来分析外部条件,强调外部环境的变化及对企业可能的影响。其战略逻辑是:未来行动要使机遇与优势匹配,避免威胁,克服劣势。SWOT 分析法由于简便易行、直观实效的优点近年来越来越受到规划界、旅游界的专家学者们的青睐(王小明 2004)。

城郊森林公园旅游规划的目的是更好地发展休闲旅游,满足城市居民的休闲旅游需求。依据 SWOT 分析法,旅游规划内容的构建必须考虑城郊森林公园旅游环境、旅游资源与旅游市场,在城市旅游范围之内,分析城郊森林公园的旅游市场优劣势及市场发展机会与可能面临的威胁。而旅游市场优劣势依赖于旅游资源价值及其市场吸引力,依赖于城市居民的休闲旅游消费特征,依赖于城市居民对森林公园资源的旅游感知,也依赖于城郊森林公园的旅游区位;旅游市场发展机会与可能面临的威胁取决于旅游环境、森林公园旅游资源的竞争优势及城郊各景区景点对城市居民的旅游吸引力。因此,城郊森林公园发展休闲旅游的优势(Strength)、劣势(Weakness)、机会(Opportunity)和威胁(Threat)分析主要是结合旅游环境与资源对其休闲旅游市场进行 SWOT 分析,以便找出旅游规划构建的主要内容,发挥资源优势,克服市场劣势,规划适宜的旅游产品来满足城市居民的休闲旅游需求。

5.5.2　城郊森林公园休闲旅游市场 SWOT 分析的主要内容

为了给城郊森林公园旅游规划"五位一体"系统构建提供明晰的思路,休闲旅游市场的SWOT 分析主要应依据城郊森林公园旅游环境分析、旅游资源分析及上述休闲旅游市场分析

等的结果,分析旅游资源在吸引城市居民休闲旅游方面的优劣势,确定旅游功能区划与休闲旅游产品规划的重点;分析旅游资源容量在满足城市居民休闲需求的优劣势,确定需扩充的休闲区域;依据城市居民对城郊森林公园休闲旅游感知情况等确认市场发展的优劣势,以便确定旅游产品类型、休闲旅游设施与旅游解说系统构建的重点等。

　　同时应分析城市发展概况与城市旅游环境等给城郊森林公园休闲旅游市场发展带来的机会;分析城郊其他景区景点旅游发展及城市休闲与旅游方面,如城市绿化的走向、城市郊区社区与交通发展等方面给城郊森林公园带来的旅游发展机遇与威胁。

第6章　城郊森林公园旅游规划
"五位一体"系统构建

6.1　城郊森林公园旅游规划"五构"的规划目的与规划步骤

6.1.1　"五构"的规划目的

城郊森林公园旅游规划理念体系、旅游规划目标体系、旅游功能区划体系、休闲旅游产品体系与旅游支持体系等构建在"三析五构"旅游规划模式中是规划的成果体现,其中的旅游功能区划体系与休闲旅游产品体系构建是直接展露给旅游者的规划成果。"五构"具有各自的规划目的。

旅游规划理念体系是指导其他四体系构建的指导原则,指导旅游规划朝着以社会效益为主导的社会发展方向发展,避免"盲目"和"无序"的旅游功能区划和休闲旅游产品等构建。旅游规划目标体系反映了城郊森林公园在旅游市场、产品、科教与环境方面的目标,是旅游功能区划体系、休闲旅游产品体系与旅游支持体系构建应完成的任务,在一定程度上要求休闲旅游产品体系应该构建哪些内容。旅游功能区划体系构建是休闲旅游产品体系构建的前提,直接确定了相应旅游产品的地理位置,也是贯彻规划理念的最直接体现。休闲旅游产品是旅游者直接体验的规划成果,也是能否完成旅游规划愿景的最主要见证,没有休闲旅游产品构建就没有休闲旅游市场发展的可能,也不可能完成旅游规划目标。旅游支持体系构建是旅游功能区划体系和休闲旅游产品体系构建得以顺利完成的保障,也是城郊森林公园旅游规划得以付诸实践的保障。

6.1.2　"五构"的规划步骤

依据上述"五构"的规划目的,城郊森林公园旅游规划理念体系、旅游规划目标体系、旅游功能区划体系、休闲旅游产品体系与旅游支持体系等"五位"应按顺位构建,先根据城郊森林公园的战略使命确立规划理念,为旅游规划确立方向,并在一定程度上约束森林公园的规划内容,然后制定规划目标,确定旅游规划应达到的具体目标,再根据规划理念与目标划定不同的旅游功能区,只有确定了旅游功能区才能在不同的功能区内构建不同的旅游产品,最后根据森林公园旅游功能区和休闲旅游产品构建等的需要确立相关部门应该提供的支持与保障。"五构"按顺位实施,既层次分明又成为一体。

6.2　城郊森林公园旅游规划理念体系构建

城郊森林公园旅游规划实施过程同时也是旅游规划管理过程,必须始终以保护森林风景资源和为社会提供休闲旅游服务为规划主线。旅游规划主体及其他规划实施人员需全员全过程重视保护森林公园的生态平衡,保障森林生态旅游和社会的可持续发展,以提高生态效益和社会效益为宗旨。因而城郊森林公园旅游规划应贯彻有利于提高森林旅游生态效益和社会效益的森林生态保护、资源低消耗、非城市化建设及人与自然和谐共生等理念。

6.2.1　森林生态保护理念

森林资源是人类社会的珍贵自然遗产,设立森林公园的宗旨就是保护森林资源这种难以再生的社会资源。因而保护森林生态、维护生态平衡是森林公园旅游规划需贯彻的首要理念。保护生物多样性及其生存环境,是我国森林公园赖以生存、发展和发挥生态、经济、社会效益的基本条件。保护好森林生态也是保护森林公园的旅游资源,因为丰裕的森林资源与森林公园的生物多样性是旅游资源价值所在,森林公园幽静的森林生态环境是吸引处于烦躁环境的城市居民前来休闲旅游的最主要因素。保护森林生态也是体现代内公平与代际公平、保证旅游可持续发展的重要社会责任。

城郊森林公园旅游规划应切实贯彻我国《森林法》与《野生动物保护法》,严格履行联合国《生物多样性公约》与《濒危野生动植物种国际贸易公约》,在旅游规划及规划实施过程中,不得以破坏自然景观和生态环境为代价,保护野生生物的生存和发展权利,尽可能在各项规划中不与野生生物争环境、争资源,不干扰生物生息繁衍(洪剑明 等 2006)。在旅游功能区体系规划中避免会导致野生生物资源、土壤及水环境退化的区域划分,在休闲旅游产品体系规划中避免影响森林生态系统的旅游活动和项目,控制不同休闲旅游区的地域范围及通过合理规划间接控制旅游者数量与行为,规划旅游解说有效引导旅游者减少游憩行为对资源造成的负面影响,切实加强森林生态系统和生物多样性保护,维护森林公园该有的生态平衡,同时也为城市居民提供"回归大自然"的最适宜休闲环境。

6.2.2　资源低消耗理念

前文已阐述(见第 3.1.1 节),从资源要素禀赋来看,城郊森林公园天然的森林资源在城市旅游地域范围内属稀缺性资源。但同时森林公园内丰富的地文资源、水文资源、生物资源、人文资源、天象资源是脆弱的,在旅游规划开发中极易被消耗甚至受到永久损耗。由于我国森林公园多数是在国有林场基础上建立起来的,自身资金不足,发展森林旅游的基础差,为吸引投资,逐渐形成"谁投资,谁受益"的现状,强调投资者利益,增强了投资者追求经济利益的动机,加速了森林资源的大量消耗(李若凝 2005)。有许多森林公园为了吸引旅游者搞建筑,搞设施,修造亭、台、楼、阁而毁掉了古树名木和成片森林,如广州流溪河国家森林公园虎爪岗的成片大松树被砍掉了(姚三中 2005),消耗了大量的生物资源。

旅游规划的资源低消耗理念是保护森林生态环境、进行原生态建设的保证与体现,也是城郊森林公园传播森林生态文化进而实现科教目标与环境目标的重要途径。目前我国正努力建设资源节约型社会,旅游规划的资源低消耗理念是资源节约型社会与和谐社会建设的重要战略步骤。城郊森林公园旅游功能区划与休闲旅游产品规划首先应减少对森林公园重要森林资源的侵占,杜绝大面积砍伐森林进行景点建设,尽量保持资源的完整性;其次应摒弃纯粹的"市场导向"旅游规划,如根据部分旅游者需要,在茂密森林中开山劈石建索道,景区内部建宾馆饭店等,这些"金点子"式的旅游规划造成旅游资源的极大浪费,使森林植被遭到永久的消亡;再次应该循环利用水资源,以减少水资源的损耗对植被与生物习性带来不良影响。合理规划区内交通,减少道路侵占面积与交通带来的环境污染。科学规划旅游服务区域,实施旅游"清洁生产",控制旅游容量以减少人为损耗资源。同时在必要的景区对现有森林植被实行封护和抚育,提高景区内森林植被生物丰富度。

6.2.3　非城市化建设理念

由于城市旅游"核心-边缘"理论效应,城郊森林公园逐渐会成为城市旅游区域中的一个游憩中心地,旅游市场聚集效应极易趋向"旅游城市化",致使城郊森林公园旅游规划呈现一种城市化规划。而城市化规划以一种模式化的"公园化"、"广场化"的建设,使得旅游景区的景观风貌向现代建筑密布的商业化、城市化旅游区转变,有的则形成典型的城市园林格局,不仅侵害原有特色景观与和谐的原生环境,破坏原状态的遗产风貌,而且易冲淡游览意境、丧失发展主题、违背人本主义原则及浪费开发资金(王旭科 等 2007)。

森林公园的城市化建设倾向较为严重。多年来,人们对森林公园的建设缺乏应有的认识,认为开发森林景观资源仅是利用森林景观,忽视了开发是为了更好地保护为前提,以致一些森林公园景观开发建设趋向园林化,不顾对森林景观环境的污染和对森林旅游资源的破坏,趁机修建楼堂馆所、别墅山庄等,盲目地超前发展,一些人造景观成摆设,造成设施的闲置和和资金的浪费(应水金 2005)。如湖南省 1999 年 12 月统计森林公园已竣工各类建设项目 1600 多个,其中以宾馆为主体的接待设施项目约有 300 多个,部分森林公园受"长官意志"的影响,在森林景区内盖宾馆、建餐馆、建娱乐中心等形成了一种倾向,使森林公园的城市化倾向日益突出,且各类建筑模仿了城市建筑的风格和特征,与周围环境极不协调(伍荣 2000)。

城郊森林公园旅游规划应理性权衡短期经济利益与长期社会效益,贯彻非城市化建设理念,避免把整个森林公园规划建设成纯粹的城市"游乐场",避免建设大量饭店、酒吧、茶吧等城市一条街似的商业化运作,避免把森林公园建设成"水泥森林",应在森林生态保护理念和资源低消耗理念下进行相对"原生态"的规划建设,休闲配套设施建设要突出森林品味与自然特色,强调生态旅游及人与自然和谐,从而更有力地引导居民文明旅游。

6.2.4　人与自然和谐共生理念

旅游规划各理念构成一个体系,城郊森林公园旅游规划最终愿景之一是人与自然和谐发展,该愿景要求城郊森林公园为城市居民休闲旅游提供适宜自然环境,体现人与自然和谐共生。森林是陆地生态系统主体,是人类赖以生存发展的重要资源和文明的摇篮,人类正是依靠森林生态系统的供养与庇护才得以生存和发展。城市发展的价值取向在经历了早期的自然为本、人为用、城市为体的"自然本体论"和人为本、城市为体、自然为用的"人文本体论"后,已经开始转向人、生物、非生物环境为基,城市为体,人与自然互用,人与自然均衡整合为本的"生态本体论"(王亚军 2007)。现代生态科学强调城市应该以人与自然共生为目标,在城市的规划和建设中,应把大自然请回城市,让人与自然融为一体(王国聘 2003)。

旅游规划在一定程度上也是保护森林资源,保护人类赖以生存的自然环境,城郊森林公园旅游规划需避免"先人造景观,后自然景观,重人造景观,轻自然景观"的运营方式,应该为城市居民休闲旅游提供适宜环境,把人的成熟完善旅程与自然的繁衍生息视为一体,使旅游者体验一种自然界的生命活力,同时为自己增长生活见识与生命感知,达到一种忘却城市生活烦忧的轻松休闲境界,感悟人与自然和谐共生的时空景象。

6.3　城郊森林公园旅游规划目标体系构建

企业目标规划的目的是企业的规划愿景和业务使命转换成明确具体的业绩目标(明茨伯格 2004),景区旅游规划目标的构建与企业目标规划的目的类似。目标应为景区规划指明方向,考虑规划的服务对象,应满足服务对象的何种需求及如何满足,以及如何达到规划愿景和完成规划使命。

城郊森林公园的旅游规划是一个多目标体系,其目标应体现森林公园建设宗旨,有利于生态效益和社会效益的提高。因而城郊森林公园的旅游规划目标应在上述规划理念下体现其旅游规划愿景,在发展休闲旅游、改善城市居民生活的基础上维护生态环境、传播森林生态文化,进而达到改善城市居民的社会生活环境、实现社会和谐发展的最终愿景,同时以社会发展为规划导向,在保护森林生态资源的基础上提供社会休闲旅游服务,造就"天人合一"的和谐环境。

6.3.1　市场目标——满足城市居民休闲需求

市场目标旨在确立规划的服务对象及应满足服务对象的何种需求。城郊森林公园旅游客源市场定位为本地城市居民具有其充分条件和必要条件,由此可知,城郊森林公园的市场目标是满足城市居民的休闲需求。城郊森林公园旅游实质上是城市休闲活动在地域上的延伸,旅游规划的目的就是为城市居民提供一个优良的休闲环境,改善市民的休闲空间,进而改善市民休闲生活,提高市民生活质量。

城市居民到城郊森林公园休闲旅游意在"闲逛",有别于到全国各地"到此一游"的"炫耀性"旅游方式,市民主要在于寻求一种无"羁绊"的情境。因而城郊森林公园旅游规划应尽量满足城市居民"闲逛"需求,注重人文关怀,充分考虑人类生理、心理需求和游憩行为特点,结合环境进行周密细致有效的设计(吴承照 2003),如路边座椅、旅游步道等游憩设施需考虑老年人与儿童体力等原因合理设置,设施体系既要考虑与自然融为一体,又要考虑为旅游者休闲提供便利。旅游规划应为市民提供适宜的休闲旅游产品,同时考虑市民的身心健康需求,杜绝机动车进入景区,减少市民遭受空气污染与噪声污染的概率,给市民提供一个相对幽静的森林生态环境。

6.3.2　产品目标——开展森林生态休闲旅游活动

产品目标需解决如何满足森林公园旅游规划服务对象的问题,城郊森林公园旅游产品目标应结合森林公园的旅游资源与旅游客源市场需求特点。城郊森林公园的旅游资源主要是丰富的林相、古树名树、鸟兽鱼虫、奇峰怪石,溪泉瀑潭等天然森林资源,以及由丰富的森林资源形成的负离子含量高的幽静森林生态环境,旅游客源市场需求以城市居民的缓解生活压力、重视生活质量,关注身心健康等为主体。因而城郊森林公园旅游产品目标是依托丰富的森林资源,规划有利于城市居民缓解生活压力、有利于市民身心健康及有利于改善市民生活空间的森林生态休闲旅游产品。

城郊森林公园旅游产品应维护森林生态平衡,以森林自然生态观光休闲旅游产品为主体,包括地文景观、水域风光、生物景观、天象与气候景观、人文景观等的审美欣赏,让城市居民在体验幽静自然风光的情境中忘却城市生活的喧嚣与繁闹。同时也可开展一些参与性的休闲旅游产品,如林副产品采摘、野果野菜采摘品尝、标本采集等,使旅游者体验森林公园休闲旅游的生活乐趣。

6.3.3　科教目标——传播森林生态文化

科教目标是维护生态环境、实现旅游规划间接愿景及实现人与自然和谐发展的重要目标。生态文化是从人统治自然的文化过渡到人与自然和谐的文化,这是人类价值观念的根本性转变,这种转变使人类中心主义价值取向过渡到人与自然和谐发展的价值取向。回顾近一百多年来的人类发展历程,人类社会在创造了高度的物质文明的同时,也带来了严重的生态危机,导致生态危机最重要的深层次原因之一,就是生态文化没有得到传播和普及。因此,传播生态文化,建设生态文明,是人类的必然选择(焦玉海 2008)。

传播森林生态文化不仅是森林公园建设的内在要求,更是实现人与自然和谐、人与社会和谐、人与人和谐的重要实践。传播森林生态文化就是要按照人与自然和谐发展的要求,树立以人为本的发展观、不损害后代人的生存发展权的道德观、人与自然和谐相处的价值观,用生态文化去化解人与自然、人与社会及人与人之间的矛盾,将生态意识上升为全民意识,使居民获知自然与人类社会的密切关系,认知人与自然和谐共生的重要性,从而增强居民保护森林自觉性,推动社会文明发展(张蕾 2007)。

森林公园是居民认识森林、亲近自然、了解自然的重要窗口,在我国传播森林生态文化体系中具有不可替代的作用和地位(郝燕湘 2007)。《国家林业局关于进一步加强森林公园生态文化建设的通知》(林场发〔2007〕109 号)指出我国森林公园中蕴含着生态保护、生态哲学、生态伦理、生态教育等各种生态文化要素,是我国生态文化体系建设中的精髓。同时,森林公园开展各种"寓教于游、寓教于乐"的旅游活动,是传播、弘扬生态文化的最佳途径。

城郊森林公园是向城市居民传播森林生态文化的最佳场所。城郊森林公园旅游规划应把传播森林生态文化作为维护城市生态环境,提高旅游生态效益和社会效益,推进社会文明进程的重要内容。在休闲旅游产品系列规划和旅游解说系统构建中渗透森林生态文化,重点通过旅游解说系统规划在各项休闲旅游观光产品及休闲旅游活动中传播森林生态文化,引导市民文明旅游,自觉创导生态文明。

6.3.4　环境目标——造就"天人合一"和谐环境

城郊森林公园造就"天人合一"和谐环境的旅游情境是贯彻人与资源和谐共生理念的最佳诠释。尽管历代思想家们对"天人合一"的解释不同,但其要义就是把人和自然看成一个整体,重视"自然的和谐"、"人与自然的和谐"、"人与人的和谐",强调"自然"与"人"的合一(陈寿朋 2006)。人类是自然生态系统中的一部分,"天人合一"是对人与环境相互统一的绝好解释。实现大众休闲是人类社会走向现代文明的重要标志,休闲旅游也是人与自然的和谐统一,是自然景观与人文景观的和谐统一。休闲旅游的可持续发展核心就是尊重自然的"生生之道",把人类真正融入自然之中,把享受自然和生活的权力平等地分给当代人与后代人。以"天人合一"为目标的旅游可持续发展是社会和谐发展的必由之路和具体体现(胡坚强 等 2004)。

城郊森林公园旅游规划应具备"大家"风范,努力把握市民休闲旅游需求与森林公园自然生态之间关系的均衡,遵循生态文明,切实保护森林物种,保护动植物的生存环境,塑造生态保护的氛围与情境。同时为城市居民休闲旅游开展服务,本着"以人为本"和"可持续发展"的思想,以市民为中心,每个休闲旅游项目与设施都应充分考虑市民包括老、少、残等群体的身心需求,重视社会伦理与社会道德,通过人性化的"场景设计"为市民创造休闲空间(王莹 2006),造就自然保护与人文关怀共存的"天人合一"和谐休闲旅游环境。

6.4　城郊森林公园旅游功能区划体系构建

旅游功能区是各种旅游功能要素的空间物质形态,具有明显的多元性,一方面要满足旅游者休闲旅游需求,另一方面要根据旅游景区的特点保护旅游资源和旅游环境,同时还需要考虑旅游者集散功能及景区周边社区的经济与社会方面的特点等。城郊森林公园合理的旅游功能区域规划能给休闲旅游产品系列规划和休闲旅游设施规划提供清晰的规划思路和规划空间,有益于贯彻旅游规划理念、达到旅游规划目标及实现旅游规划远景。

6.4.1　景区功能区划空间布局模式

景区的功能分区规划空间布局模式是指不同类型旅游功能要素在空间上进行布置的方式。国外旅游规划实践较早的规划师们,比如 Richard,Gunn,Travis 等分别提出了不同的布局模式,为国内学者提供了借鉴。在国内,吴承照提出的"游住相依"和"游住分离"两种基本分区布局模式,吴人韦指出的链式、核式、双核式、组团式、渐进式、圈层式 6 种布局结构模式都有重要指导价值(赖坤 2004)(表 6-1)。

表 6-1　旅游功能区划空间布局模式

模式	功能区	最早提出者
同心圆布局模式	把国家公园由内到外分成核心保护区、缓冲区和游憩区三个同心圆	Richard
社区—吸引物空间布局模式	在众多旅游地域单位的几何中心,布局一个旅游服务中心,用旅游交通线连接旅游服务中心与各个旅游吸引物地域单位	Gunn
游憩区—保护区空间布局模式	把国家公园分成重点资源保护区、低利用荒野区、分散游憩区、密集游憩区和服务社区	Gunn
双核空间布局模式	双核:度假城镇社区(旅游接待设施集中)和辅助服务社区(娱乐设施集中)。旅游设施和服务集中在辅助社区内,处于保护区的边缘	Travis

模式	功能区	最早提出者
核式环布局模式	以一处景区为核心,服务设施环绕核心景区布局,各种设施之间的连线构成圆环且与核心相连	
环旅馆布局模式	建筑风格颇有特色旅馆为中心,周围布置娱乐设以施、商店,和景区相连	
山岳旅游区布局模式	建筑设施据山体环境而建,游览线路有节奏地串联尽可能多的景点,实现人与自然环境的和谐	不详
海滨旅游空间布局模式	从海水区、海岸线到内陆依次布局海上活动区、海滩活动区、陆上活动区	

注:资料来源于赖坤(2004),有修改。

国内外旅游功能区划模式中比较有影响的是同心圆布局模式和游憩区—保护区空间布局模式。同心圆布局模式最早由 Richard 提出,此模式把国家公园由内到外分成核心保护区、缓冲区和游憩区,其中核心保护区受到严密保护,限制乃至禁止游客进入,这种模式得到世界自然与自然资源同盟的认可。游憩区—保护区空间布局模式是由 Gunn 将同心圆布局模式加以发展,此模式一直为旅游规划所借鉴,主要是把国家公园分成重点资源保护区、低利用荒野区、分散游憩区、密集游憩区和服务社区 5 大功能区(图 6-1)(侯国林 2006)。

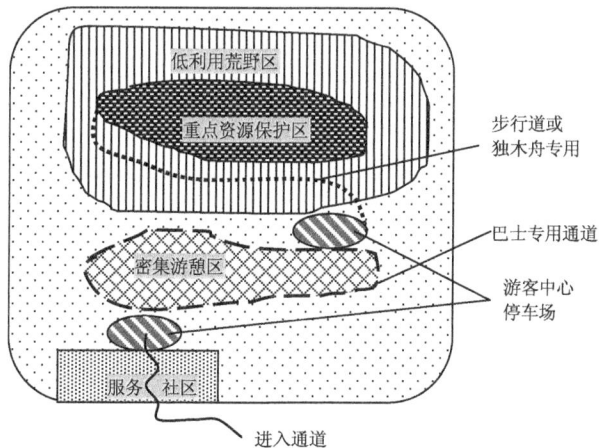

图 6-1　游憩区—保护区空间布局模式

(资料来源于侯国林(2006))

不同的功能区划对旅游资源的利用是不同的,加拿大国家公园在游憩区—保护区空间布局模式的基础上形成了相对完善的分区系统,它根据陆地和水域的生态系统和文化资源的保护要求进行分区,将国家公园区划为特别保护区、荒野区、自然环境区、游憩区和公园服务区,每个分区目的与边界标准不同,并根据自身的适宜性与接待能力为旅游者提供一定范围的游憩机会(伊格尔斯 等 2005)(表 6-2)。

表 6-2　加拿大国家公园分区体系概要

分区级别	分区目的	边界标准	资源	游憩机会
Ⅰ 特别保护区	维持独特的、稀少的或濒危的物种特征,或物种特征的最佳范例	指定特征的自然范围及其缓冲要求范围	严格的资源保护	通常不允许进入内部,只有经严格控制或非机动车才能进入
Ⅱ 荒野区	代表了公园所反映的自然历史主题且需要保持自然状态的广大区域	2000 hm² 或者更大的自然历史主题和环境的自然范围及其缓冲区要求的范围	引导人们对自然环境进行保护	可以允许非机动车进入,开发分散性的游憩活动,提供与资源保护要求一致的游憩体验;可以提供简单的露营区、简朴的住宿设施及急救所
Ⅲ 自然环境区	与自然环境原色保持一致的区域,该区域可以承受少量相关设施辅助下进行的极少的低密度户外游憩活动	提供户外游憩活动的自然环境范围及其缓冲所需要的面积	引导人们对自然环境进行保护	授权的机动交通工具可以进入,但通常是分散性活动。可以为游客和管理者提供小规模的、乡村风格的、永久性的房屋住宿设施
Ⅳ 游憩区	在考虑自然风景的安全与方便的前提下提供广泛的教育与户外游憩机会及相关设施	户外游憩机会及其设施所需范围,和直接影响范围	引导人类活动与设施对自然景观产生最小影响	自然风景地内,或者由设施建设支持的户外游憩活动;可以提供基本的服务项目和设施
Ⅴ 公园服务区	游客中心,它包括集中的游客服务设施并承担公园的管理功能	服务与设施的范围及其直接影响的区域	引导人们重视国家公园环境和价值	车辆可进入。集中的游客服务设施与公园管理活动。以设施为基础的游憩活动

注:资料来源于伊格尔斯 等 (2005),有修改。

　　不同类型、不同地域面积的旅游景区,其布局模式往往有很大差异,即便是同一类型的旅游区空间布局,其模式也不尽一致。我国一些森林公园功能区域划分借鉴了上述几种模式,一般根据具体资源与客源需求进行划分,如攀枝花市郊的大黑山森林公园根据资源分布、景观特征、地形地貌和游览系统情况,将大黑山森林公园划分为桃源街旅游商务区、森林休闲娱乐区、大黑山庄度假区、老鹰岩登山探险区、渡口风光观赏区、小石林观光区、生态保护区等(周灿 等2007)(图 6-2)。

　　目前我国城郊森林公园的旅游功能区划还没有统一的标准,但可结合城郊森林公园资源与城市居民的休闲旅游需求特征,参照上述功能区划空间布局模式。城郊森林公园功能区划首先要保护森林生态资源,保护其主要的动植物生存环境,同时应为城市居民提供适宜的休闲

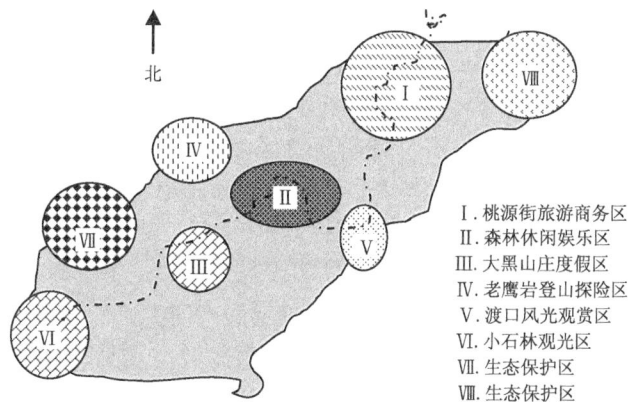

Ⅰ.桃源街旅游商务区
Ⅱ.森林休闲娱乐区
Ⅲ.大黑山庄度假区
Ⅳ.老鹰岩登山探险区
Ⅴ.渡口风光观赏区
Ⅵ.小石林观光区
Ⅶ.生态保护区
Ⅷ.生态保护区

图 6-2　攀枝花大黑山森林公园功能分区

(资料来源于周灿等(2007))

旅游空间,并为旅游者提供相应的服务。借鉴游憩区—保护区空间布局模式和加拿大国家公园分区体系概要分区目的、游憩机会等相关信息,城郊森林公园功能区主要可规划为核心景观保护区、休闲旅游区和旅游服务区,并且根据森林公园资源多样性特点,这三个区划都可各自形成体系。

6.4.2　核心景观保护区规划

景区景观作为一个系统具有整体性,同时具有地域分异的规律性。地域分异规律作为区划的核心理论,体现在不同尺度的自然景观和人为景观的结构、功能和动态中,它是指景观在地球表层按一定的层次发生分化,并按一定的方向规律分布的现象(李正国 2006)。根据地域分异规律进行景观功能分区的目的是为了科学合理地保护风景区内的文化与自然资源,保证和促进景区旅游资源的可持续利用。城郊森林公园旅游资源丰富,特别是部分旅游资源集合区具有丰富的森林生态景观,或是古树名木,或是珍稀植物,是具有独特、稀少或濒危的物种区域,或是物种特征的最佳例证,这些需特别保护的区域应作为核心景观区进行特殊保护,以维护森林公园的资源特色。

城郊森林公园根据旅游资源集合区分析结果划分出一个或多个核心景观保护区,不仅是维护森林公园的资源特色,也便于适度、有效开发利用资源,减少资源消耗,避免生态破坏,以保持森林公园旅游规划的生态效益,同时也是希望核心景观资源能够发挥更长久的效用,为后辈城市居民留存森林生态景观。核心景观保护区规划体现了代际公平,保证了长期的社会效益的发挥,这既是贯彻森林生态保护理念的佐证,又是实践科教目标、提倡文明生态休闲旅游的途径。为达到此分区目的,核心景观保护区旅游者不可随意进入内部,可远距离观赏,景区需进行旅游解说。我国部分森林公园已尝试规划核心景观保护区,如崇明岛东平国家森林公园以水杉林景观为特色,为保证水杉林的良性生长,把水杉林景观区域改造规划为森林生态核心区,此区域内旅游者不可直接进入观赏与游玩(方尉元 2007)。

6.4.3　休闲旅游区域体系规划

休闲旅游区域是指城郊森林公园根据旅游资源集合区分析结果可以向旅游者开放的游憩区域。游憩区是首先出现在国家公园内的分区概念,二战后,美国经济迅速发展,人们游憩需求急剧增加,"Mission 66"计划加速了公园环境破坏,有管理和引导的集中游憩正好能够缓解这一状况。1973 年 Richard Forster 提出了由核心保护区、游憩缓冲区和密集游憩区构成的同心圆式分区模式(黄丽玲 等 2007)。一个森林公园一般由若干个休闲旅游区域(一般直接称旅游景区)组成,因而城郊森林公园多个休闲旅游区域构成一个体系,形成完整的游憩系统。森林公园可根据旅游资源集合区的森林景观资源与空间环境特点、地形地貌、区位特点等规划出不同的景区,凡有特殊审美、游憩价值的森林植物群落区、野生动物种群区、特殊地质地貌、历史古迹等,都可根据其规模大小,单独划分景区或由几个景点归划为一景区。考虑休闲需求的多元性,在保护森林生态资源与环境的基础上应规划不同类型的景区。

城郊森林公园森林茂密物种多样又有景观变化的区域可规划为休闲生态观光区,让旅游者了解森林生态文化,熟悉不同物种等相关知识并认知大自然的生物多样性保护的重要性,此区域是城郊森林公园的主要区域,可形成观光与静养相结合的区域,让城市居民体验典型的森林生态休闲旅游。对于历史建筑等人文旅游资源集合区可规划为文化观光旅游区域,便于推广该区域的历史文化价值。为达到科教目标,城郊森林公园可根据资源聚集程度划分出天然或建设人工的科普教育区,有利于城市中小学学生等参观游览,集中传播植被等相关知识。根据地文景观资源特点,对于一些适合登山或攀岩等区域可集中规划为健身或探险旅游区。对于植物稀少而广阔的区域或水域,可形成参与性人文活动区。森林公园的某些景区也可具有若干旅游功能,如宁波牛头山森林公园划分为牛头山景区、石门峡景区、九瀑沟景区等,其中牛头山景区具有登高览胜、生态探险、森林科普等功能;石门峡景区适合开展峡谷涉趣,探险猎奇等旅游活动;九瀑沟景区是现代城市居民远离尘嚣,亲近自然的佳境,宜开展以观瀑游和吸氧保健活动为主体的自然山水生态游活动(姚贤林 等 2007)。此功能区划把探险与科普融为一体,把静态休闲与山水生态景观合为一区。

6.4.4　旅游服务区域规划

城郊森林公园旅游规划的市场目标是满足城市居民的休闲需求,森林公园的业务之一是接待旅游者,从事旅游服务。旅游服务区主要为接待服务旅游者提供场所,是旅游者集散的中心区域,也是公园管理的中心。

城郊森林公园地域范围相对广泛,可根据休闲旅游区域体系规划布局相应的服务区域,为接待服务旅游者提供场所。服务区域可设置在公园的入口处,为旅游者提供咨询服务与自行车租赁等服务,根据旅游区域区位不同相应设置停车区域、餐饮与购物区域等,同时疏导旅游人群与车辆,为旅游者在公园内游览提供相应辅助服务,面积较大的森林公园可根据休闲旅游区域划分在公园内规划小型的公园服务管理区域,利于更便捷的为旅游者提供服务和进行休闲旅游区域的旅游活动与安全等方面的管理。

6.5　城郊森林公园休闲旅游产品体系构建

城郊森林公园休闲旅游产品体系构建是旅游规划理念和规划目标的具体体现,也是旅游功能区划的内容充实和完善。旅游产品是旅游者在旅游活动中消费的有形的物质产品和无形的服务产品的总和。森林公园休闲旅游产品类属森林旅游产品。森林旅游产品是指旅游经营者为了满足旅游者在森林旅游活动中的各种需要,凭借各种旅游设施和环境条件,向旅游市场提供的全部服务要素之和,可分为森林旅游资源、森林旅游设施和森林旅游服务三部分(王红姝 等 2000),其中森林旅游资源属于物质产品,旅游设施同属于物质产品和服务产品。

6.5.1　休闲旅游产品系列规划

6.5.1.1　森林公园旅游产品类别

森林公园旅游产品类型划分有助于城郊森林公园旅游产品类别的全面认识,为旅游产品系列规划提供依据。旅游产品可根据不同的标准进行分类,森林公园作为一类景区及旅游目的地,其旅游产品的类别类似于一般旅游产品,从旅游供给方来看,森林公园旅游产品主要是森林旅游产品。

由于旅游者行为是标示其旅游经历的核心,根据旅游者消费行为特征,同时根据旅游者是否参与到具体的旅游活动中,可把森林旅游产品划分为观赏型旅游产品和参与型旅游产品。根据旅游者对旅游资源的利用方式和旅游效果及行为活动方式可再进行细分,其中观赏型旅游产品分为自然观光型和提升观光型旅游产品两类,参与型旅游产品分为郊野游乐型、运动健身型、保健疗养型、返璞归真型、探险刺激型、科普教育型和纪念型等旅游产品(表 6-3)。

表 6-3　森林旅游产品分类

森林旅游产品类别		举例	物质载体
观赏型	自然观光型	原始森林景观、气象景观、地质景观、山岳景观、河段景观、喷泉、稀有动植物等	自然景观资源
	提升观光型	植物专类园、季相林、大型野生动物园、小型动物专类园(鸟类观赏园、蝶类观赏园)	动植物资源
参与型	郊野游乐型	露营、烧烤、特色餐饮品尝、扑蝶	烧烤区、露营区
	运动健身型	山体运动项目(登山、攀岩)	山体
		陆上运动项目(滑雪、滑草、骑马、骑车等)	滑雪场、滑草场、原始森林
		水上运动项目(划船、舰艇、垂钓、游泳等)	水体(湖泊、水库、河段等)
	保健疗养型	森林浴、温泉浴等	森林、温泉、高山
	返璞归真型	远足、林副产品采摘、野果野菜采摘品尝	森林、荒野地
	探险刺激型	山洞探险、高山探险、原始森林探险、快艇	险洞、高山、原始森林、水体
	科普教育型	制作标本、动植物认知、动植物科普讲座、生态研习	植物标本园、植物专类园、自然博物馆等
	纪念型	纪念林、节事纪念活动、旅游商品	人工林

注:资料来源于兰思仁(2004),有修改。

森林公园发展旅游主要依赖其丰富的森林生态资源,但森林公园首要目的是保护森林生态资源,因而森林公园旅游产品与森林生态资源的关系相互依赖、相互促进的,森林生态资源不仅直接影响旅游产品规模,而且还影响旅游产品体系结构。只有保护好森林生态资源,才能更益于开展社会休闲旅游服务。因而森林公园旅游产品依赖于森林生态资源,同时又由于森林旅游产品包括旅游供给方提供的设施和服务，根据旅游产品对资源的依赖程度、旅游者的休闲旅游活动目的、旅游供给方设施与服务的参与程度等，笔者认为，可把森林公园旅游产品分为资源依赖型、资源利用型、资源改造型和资源创新型旅游产品，并把此产品类别称为资源型旅游产品类别（表6-4）。

表 6-4　森林公园资源型旅游产品分类

旅游产品类别	旅游活动项目	依赖资源
资源依赖型	森林观光	林相丰富的森林、古树名木、奇花异草
	休憩静养	乔木林、草坪、空气清新、负离子含量高
	林间漫步	面积较大的森林
	动物欣赏	野生哺乳动物、鱼类、鸟类、昆虫类动物
	登山健身	有一定坡度的山体、森林丰富、空气清新
	山地观光	奇峰怪石、悬崖峭壁、峡谷等山地景观
	人文观光	历史遗址遗迹、古代建筑与设施、摩崖石刻等人文景观
资源利用型	植物采摘	可供采摘的植物、水果等
	露营、攀岩	平地、天然峭壁
	山洞探险	地下洞穴
	垂钓、骑马	水库、草地等
	自然水域活动	适合划船、潜水、漂流、游泳等水上运动的天然水域
	采集标本	各类野生动植物
资源改造型	室内科普讲座	各种科普多媒体、知识长廊、展览馆等
	参观动物园	动物园
	游览植物园	盆景园、室内各种植物
	旅游商品	地方茶叶、水果等旅游商品
资源创新型	歌舞表演	各类表演场所
	人造游乐园	人造主题乐园
	度假酒店	各类酒店等建筑

　　资源依赖型旅游产品就是旅游资源本身，即旅游资源不需任何改造就可变成旅游者观光的产品，也可不需要森林公园工作人员的现场服务，这类旅游产品主要是静态观光，其中休憩静养、林间漫步和登山健身可以近处体验森林生态环境中清新的空气和高含量的负离子。资源利用型旅游产品是指森林公园利用原生态旅游资源向旅游者提供相关旅游服务，旅游者的主要旅游目的是进行相关旅游活动，如植物采摘重在采摘、漂流重在休闲娱乐，但其是在原生态资源的基础上的休闲娱乐活动。资源改造型旅游产品对原生态资源的依赖较少，主要对旅游资源进行了改造整合，森林公园的设施与服务参与的成分较多，旅游产品中旅游资源形态、存在方式等发生了较大的改变，但其旅游资源与森林公园存在一定联系，如动物园的动物与森林公园的生态环境存在一定联系。资源创造型旅游产品的旅游资源属于创造出来的"人造景

观",其产品的存在与森林公园没有任何资源联系,是森林公园设施与旅游服务"制造"的旅游产品。

6.5.1.2　城郊森林公园休闲旅游产品系列规划

城郊森林公园休闲旅游区域体系规划为休闲旅游产品规划提供了方向,每个休闲旅游区域可根据旅游资源分析结果,结合该区域地形地貌等环境条件规划设计上述旅游产品类型中某种适宜的休闲旅游产品,森林公园的各区域的旅游产品形成一个产品系列(表 6-5)。

表 6-5　不同功能区的休闲旅游产品系列

功能区	休闲旅游产品
休闲生态观光区	森林观光、休憩静养、林间漫步、登山健身、山地观光等
文化观光旅游区	游览古建筑、遗址遗迹、摩崖石刻等
科普教育区	科普讲座、植物园、动物园、标本采集等
运动健身区	划船、游泳、攀岩、骑马等
参与性人文活动区	植物采摘、主题乐园
……	……

森林旅游资源质量价值较高与林区空气质量较好的休闲生态观光区可根据开展森林观光、休憩静养、林间漫步、登山健身等旅游活动,让城市居民步行深入林中进行适当的健身和游憩。休闲生态观光区域的平坦地域适合老年人或家庭一起休憩静养或林间漫步,此区域最好是针阔混交、乔灌混交林所构成的复层林,树龄较大,能保证具有一定的审美价值,林内应有一定数量的能够大量挥发出芳香物质的松、柏、银杏等树种,林区空气清新,负离子含量高,便于杀菌、治疗呼吸系统等各种慢性病,增进身体健康等,并且最好有鸟叫蝉鸣,不能有大型的娱乐活动,应体现人与自然和谐共生的境界。休闲生态观光区域有一定坡度的山地适宜森林观光或登山健身等。此系列休闲旅游活动参观游览线路应注意多采用曲线设计,沿途力求要有丰富的变化,避免过于单调而使游人产生疲劳感(刘雁琪 等 2004)。视野较为开阔并且周边景色较为突出的休闲生态观光区可利于旅游者进行山地观光,欣赏沿途的奇峰怪石、悬崖峭壁、峡谷等山地景观。文化观光旅游区域需展现城郊森林公园文化资源的历史风貌,以古朴为特色,避免过多的人造修饰成分,尽量体现其历史文化内涵,以参观游览古建筑等为主。

科普教育区可根据该功能区森林资源等开展科普讲座,让旅游者参观植物园、动物园,旅游者进行标本采集等休闲旅游活动。古树名木比较集中的珍稀植物园或植物品种较多的区域可配以标示牌或配合多媒体等旅游解说服务,同时也可进行叶片等采集活动。科普讲座也可紧密结果植物园与动物园等动植物资源放映相应的科普教育影片。此功能区尤其适宜青少年以下的人群参观游览。水域旅游资源丰富的运动健身区适宜开展划船、游艇、游泳、或漂流等旅游活动,平坦的草地适宜开展骑马等运动,而悬崖峭壁地带则适合开展攀岩等运动活动。参与性人文活动区主要是开展众多旅游者同时参与的旅游活动,如茶叶采摘、葡萄采摘、蔬菜种植采摘等活动,参加主题乐园等娱乐活动等。

城郊森林公园规划休闲旅游产品类型应根据其资源和当时段气候特点,因地制宜,最大限度地发挥自身优势。森林风景型森林公园应以森林观光、休憩静养、林间漫步等旅游活动为主体;山水风景型森林公园宜多开展山地观光、登山健身、露营、骑马等旅游活动;人文景物型森林公园主要突出人文景区景点的古建筑、遗址遗迹、摩崖石刻等文化景观,综合景观型森林公园则根据资源特色规划开发相应的旅游产品。根据城市居民休闲旅游非"到此一游"的过客,而是"流连忘返"的常客特点,市民意在休闲,因而,无论任何类型的城郊森林公园都必须强调静态休闲旅游产品,塑造"天人合一"休闲环境,并根据不同消费群体游憩偏好设计相应旅游产品,但各种旅游产品都应有益于人类身心健康,有益于市民认识和发现自然,增长知识,在森林公园休闲能有自我实现的人生成就之美感(谢哲根 等 2000)。

6.5.2　休闲旅游设施规划

6.5.2.1　森林公园设施体系

根据森林公园旅游产品的内涵,设施是产品的重要组成部分。从设施用途来看,森林公园设施主要包括旅游者在休闲游览过程中所使用的休闲与旅游活动设施和森林公园接待旅游者的旅游接待服务设施,另外,还有一些基础设施和环境改造设施。休闲与旅游活动设施主要包括路边座椅、游步道等游憩设施和博物馆、历史遗存等文化设施;旅游接待设施主要包括大门、售票处等管理设施和餐饮设施、商业设施等特许设施等(表6-6)。

表6-6　美国国家公园设施体系

种类	管理设施	文化设施	特许设施	游憩设施	解说设施	环境改造设施	基础设施
设施细目	办公建筑	博物馆	住宿设施	路边座椅	指示牌	水坝	厕所
	大门	历史遗存	小旅馆	野营地	标示牌	桥梁	供水设施
	门房	自然俱乐部	小木屋	旅游步道	解说中心	挡土墙	饮水塔
	栅栏		挂车	船坞		石墙	污水处理设施
	瞭望塔		餐饮设施	帐篷			垃圾收运设施
	售票处		商业设施				设施维护建筑

注:资料来源于吴承照(2003),有修改。

城郊森林公园休闲旅游设施主要满足城市居民休闲需求,休闲设施的规划建设是满足城市居民休闲的基础,休闲环境的构筑是城市居民休闲的保障,市民休闲的目的是获得人性的回归。因为人性决定了人的休闲需求,人的休闲需求决定了休闲环境的构筑和休闲设施的建设,而休闲设施和休闲环境则对人性的塑造起重要作用(田逢军 等 2008)。因而城郊森林公园休闲旅游设施规划需注重休闲环境的塑造和人性化考虑,进而达到"天人合一"和谐环境目标。

6.5.2.2　休闲与旅游活动设施规划

休闲与旅游活动设施是指城市居民在城郊森林公园各休闲旅游区域进行静态休闲与参加骑马、游泳等旅游活动所涉及的设备设施。

休闲生态观光区是城郊森林公园休闲旅游设施建设的重点。城市居民平时、周末或节假日外出到城郊森林公园休闲旅游主要的目的是体验与日常生活不同的自然环境,城郊森林公园的休闲旅游资源优势集中体现在休闲生态观光区。此休闲旅游区域休闲与旅游活动设施较零散,但由于森林资源密集且森林旅游资源的质量价值高,因而设施的规划无论是选址、规模还是材料的选取都应当贯彻城郊森林公园旅游规划理念。

休闲生态观光区的游步道是城郊森林公园必不可少的设施之一。旅游步道是森林观光、休憩静养、林间漫步、登山健身、山地观光等旅游产品的主要道路设施,游步道沿途的座椅、亭等是森林公园重要的休闲设施,通过让旅游者步行深入林中进行适当的运动和游憩,可以让城市居民感受森林环境的相对幽静与空气的清新。游步道的线路应有步移景异之感,沿途座椅、休息亭等应根据距离、道路坡度及沿途景观等设置数量和规模,做到因地制宜,随势起伏,有自然情趣,以便能让城市居民更长久的体验森林生态环境带来的愉悦心情。帐篷和吊床野营也是城市居民周末等休闲的方式之一,可以体验真正的野外休息的乐趣,但一般是旅游者自带帐篷和吊床,森林公园无需专门设置吊床野营区(但新球 等 2005)。

文化观光区休闲与旅游活动设施应注意避免对历史遗址遗迹与古建筑等进行大规模的侵占与改造,保持原貌是对规划理念最好的贯彻,即使需要进行修复原古迹,材质的选取和规模的确立都应以原貌为基础,如澳大利亚卡卡杜国家公园坚持"维持自然状态"的原则规划建设,在设施的建设和维修上,公园遵循与环境相协调原则(董晓英 等 2008)。天然的运动健身区设施规划应避免对周围水、土壤等资源环境造成污染,设施的数量以少不宜多。而室内运动健身区、科普教育区和主题乐园等参与型人文活动区包含室内泳池、科普长廊、盆景园、海盗船等设施应避免大面积侵占土地建设大型建筑,避免为了造就森林公园的"亮点"追求"第一",避免大量的商业化设施,杜绝城市化建设。

6.5.2.3　旅游接待设施规划

旅游接待设施是城郊森林公园接待城市居民前来休闲旅游的设备设施,这些设施主要位于旅游服务区,包括公园大门及验票处、售票处等管理设施和餐饮设施、商品店、停车场等,由于城郊森林公园主要客源为城市居民,即使有极少数外地城市休闲旅游者也会选择住在城市市区饭店。因而城郊森林公园没有必要建住宿设施。

森林公园大门能给旅游者第一印象,应尽可能突出公园的特色。对于收费和免费的公园设计上颇有不同,免费公园更强调公园大门的通畅性和开放性,通常只需在路旁设置明显的标志就可。对于收费公园,可在入口处设立管理亭,或设置一字排开的管理亭(收费亭)。如美国雷尼尔山(Mt. Rainier)国家公园设置了一个标志性大门,之后是收费亭。大门以当地盛产的松木制成巨大的原木门框架,原木的本色与周围的森林完美地融为一体(图 6-3)。旅游服务区域的停车场应设置在公园的外围,紧邻收费亭,停车场应根据公园的客源情况选择空旷的地域,不应大量砍伐树木建大规模场所。管理亭有的也包含了游客中心,大面积的城郊森林公园可在公园内部设立游客中心,便于为旅游者服务,但规模不应过大,可设置在主题乐园等需要大量旅游服务的区域中。

餐饮与旅游商店等旅游接待设施也是城郊森林公园需规划建设的重要方面。但餐饮设施也是水、土壤、空气等资源环境污染的重要源头,餐饮设施的选址和规模控制对城郊森林公园能否稳定提高生态效益有重要影响。从便利旅游者休闲旅游的角度看待,餐饮设施最好选址在休闲旅游区域,特别是人群聚集的森林生态观光区和参与性人文活动区,并且规模较大些好,但餐饮废水、废气最容易造成林区的水、土壤等环境污染,间接损耗森林植被。因而从保护环境的角度看待,餐饮设施和旅游商店等接待服务设施应规划建设在森林公园入口处附近旅游服务区域,规模根据客源情况而定,材料与风格和森林公园大门等设施及森林公园的氛围相协调。

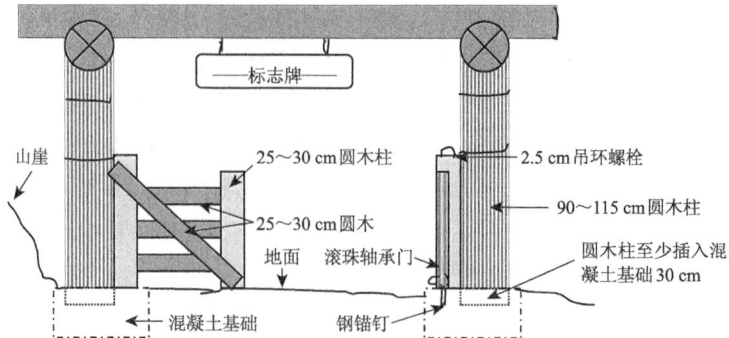

图 6-3　Mt. Rainier 国家公园的标志性大门结构正门图

(资料来源于洪剑明等(2006))

6.5.3　旅游解说系统构建

6.5.3.1　城郊森林公园旅游解说系统构建的重要性

旅游解说系统是旅游服务设施的组成部分,也是城郊森林公园服务产品的重要成分。提尔顿(Tilden)早在 1957 年认为,解说并非事物的简单描述,而是通过体验揭示事物的内在意义与相互联系。澳大利亚解说协会认为,解说是一种能够帮助人们更多地了解自身与环境的思想与感觉的交流方法(钟永德 等 2006)。旅游解说是通过标识牌与文字说明等信息传递方式吸引旅游者注意力、传播森林生态文化、实现环境目标的一种旅游服务,是休闲旅游产品的重要元素。森林旅游解说服务以解说牌等旅游设施为依托,把森林旅游资源的信息传递给旅游者,这种森林旅游服务把森林旅游资源、旅游设施和森林旅游者联系在一起,使森林旅游产品成为一个综合体。旅游解说能启发游客保育资源及爱护环境的信念与行动,进而减少对当地环境的破坏(罗芬 等 2008)。

城郊森林公园是向城市居民传播森林生态文化的最佳场所,传播森林生态文化是实现人与自然和谐、人与社会和谐、人与人和谐的重要实践。城郊森林公园旅游解说系统构建是传播森林生态文化,实现科教目标、引导市民文明休闲旅游,进而提高社会文明的重要环节。维护森林生态环境和满足市民休闲旅游需求都离不开解说系统的支持。美国每个国家公园内都规划设计了功能完备的公园解说和教育系统,旅游区内的解说实际上是一种教育活动,每一个公园都要向旅游者提供良好的解说服务和解说设施(吴必虎 等 1999),而我国的旅游解说系统规划还没有引起足够的重视。旅游者在旅行游览中,常常需要借助一个完善的旅游解说系统才能深刻理解旅游地的自然、社会和文化信息,获得更多的旅游体验。只有游道标识和植物解说的功能是难以对区域自然、环境和社会文化信息进行整合传播的,满足不了旅游者获取目的地信息要求(张立明 等 2006)。城郊森林公园不应仅满足于城市公园的休闲功能,而是要建成改善生态环境和提高广大市民生活质量的城市园林。城郊森林公园的旅游解说系统应通过各种解说方式帮助市民了解并欣赏森林公园的资源及其价值,了解森林公园在城市旅游与城市生活中的地位和存在价值。通过各种解说使市民能做到文明旅游,不仅保护森林公园资源,而且能做文明使者,保护城市生活中的各种自然与文化资源,为和谐社会建设付诸实践。

6.5.3.2　城郊森林公园旅游解说系统构建

一个完善的旅游解说系统由设施系统和信息系统两个子系统构成,该系统内各子系统之间相互依赖、相互作用形成特定的旅游解说系统结构,并表现出特定的功能。城郊森林公园旅游解说系统由森林公园概况解说、森林旅游吸引物解说、休闲旅游设施和森林旅游管理解说等子系统构成(图 6-4),其中森林公园概况解说子系统主要向旅游者介绍该公园的自然环境和历史文化概况,让旅游者初步了解公园的各类资源。森林旅游吸引物解说子系统对森林公园内各景点进行解说,主要向旅游者详细展示森林公园的各类休闲旅游吸引物,包括自然景观、文化景观和森林公园的人文活动,重点对森林公园内珍稀动植物进行系统全面的科学介绍,以及介绍林区土壤、水质、空气负离子含量等环境。旅游吸引物解说是旅游解说系统中最重要的部分,是传播森林公园的资源信息,让旅游者感知森林生态环境,促进城市居民走进森林公园进行文明休闲旅游的最直接有效方式。休闲旅游设施解说子系统主要向旅游者介绍游览线路及厕所、垃圾桶等基础设施,向旅游者介绍休闲与旅游活动设施的位置、使用与设施保护方法等,同时介绍水库等环境设施。休闲旅游设施解说子系统在于帮助旅游者顺利地完成其旅游活动并体验人性化的旅游服务。森林旅游管理解说子系统主要向旅游者同时也向森林公园职员介绍生态安全、森林防火、森林环境污染及旅游者活动安全等一系列风险,引导大家共同面对并合理避免。

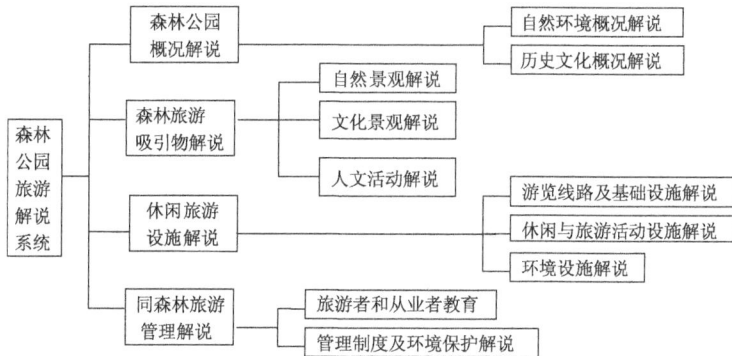

图 6-4　森林公园旅游解说系统结构
(资料来源于张立明等(2006),有修改)

森林公园概况解说主要用于旅游服务区,可用标示牌、大屏幕多媒体重点介绍森林公园的资源与景点分布概况等,让旅游者在进入森林公园旅游开始时便对森林公园有个初步的认识,也便于旅游者进行景点选择和游览行程总体安排。

森林旅游吸引物解说主要遍布核心景观保护区和休闲旅游区域各功能区景点。核心保护区的外围应用告示牌说明此区域资源及其脆弱性情况,使旅游者理解被禁入游览的原因和进入游览可能给森林资源带来的后果,提醒旅游者自觉维护森林生态环境。休闲生态观光区需重点解说旅游者在森林观光、休憩静养、林间漫步、登山健身、山地观光等休闲旅游活动中所涉及的主要野生植物、野生动物、地质、地貌、水文、气象气候、土壤等资源,介绍植物及林间空气负离子含量等森林生态系统的效用及与人类发展的关系。文化观光区主要介绍各人文景点的历史价值及其科学文化价值,培养旅游者保护文化资源的重要性。科普教育区主要通过科普讲座、植物园、动物园、标本采集等让旅游者体验到获得知识的乐趣。科普教育区各旅游产品本身就是最好的旅游解说,可以通过影音资料等多种形式传播森林公园生态系统平衡的重要性。健身旅游区与人文活动区等主要应说明旅游活动的参与程序和活动注意事项,为旅游者更便利地完成旅游活动提供服务。

休闲旅游设施解说涉及公园各功能区旅游者能接触到的设备设施,主要应说明公园设备设施的品种、分布、使用方法、存在价值等信息,向旅游者介绍具体的交通游览线路及基础设施的价值,详细说明休闲与旅游活动设施如休息亭、观光台、游泳池等的信息,以及环境设施的建设必要性等解说,让旅游者珍惜并尽量保护森林公园的设备设施。

森林旅游管理解说主要是起着提醒和间接约束作用,以完善上述各旅游解说子系统的服务和教育功能。由于城郊森林公园主要作为城市居民的休闲公园,人员进出比较频繁,部分区域可能免费开放,管理服务职员相对较少,部分旅游者行为在没有工作人员监督下容易出现垃圾乱扔等不文明行为,配以相应的管理解说能够提高旅游者的整体文明程度,有利于减少森林公园的资源损耗。

城郊森林公园概况解说和森林旅游吸引物解说应给旅游者带来休闲旅游的充实和愉悦,休闲旅游设施解说和森林旅游管理解说应给旅游者带来环境保护的启发和教育。旅游解说系统的构建应注意解说的科学性、教育性和趣味性,并注意解说形式的多样性,避免单调的重复,避免解说方式与材料所带来的信息传递缺失。可根据森林公园资源和景区景点旅游活动情况并结合旅游活动的客源情况使用导览图、解说手册、解说牌、声像多媒体、宣传册等解说工具,加深城市居民对森林的认识,增强森林保护意识和科学保护森林生态环境的文明旅游行为。

6.6 城郊森林公园旅游支持体系构建

城郊森林公园旅游发展需得到城市其他方面的支持,旅游支持体系是城郊森林公园休闲旅游得以正常进行的必要条件,能使得城市居民到城郊森林公园休闲旅游更加便利。城郊森林公园旅游支持体系构建主要有旅游交通规划、森林公园环境整治规划及旅游制度保障体系构建。

6.6.1 旅游交通规划

旅游交通在西方发达国家中早就引起重视,早在20世纪20年代,美国的交通调查就注意到了旅游交通需求,并开始在道路交通规划上融入了旅游交通规划的概念(黄柯 等 2007)。交通的经济成本与时间成本影响城市居民外出休闲旅游景区景点的选择,便捷的交通能减少城市居民到城郊森林公园的休闲消费成本,这也成为城郊森林公园能否激发城市居民旅游动机的因素之一,城郊森林公园外部交通规划对该公园旅游发展有重要影响。

保障城市各社区居民便利到达城郊森林公园是旅游交通规划的重点。因而森林公园的外部旅游交通道路的规划建设是城郊森林公园旅游发展的前提,首先应保证城郊森林公园旅游服务区与城市道路相连。由于城市发展导致城市社区相对扩散,但大部分市民特别是老年人外出休闲旅游乘公交车,因而需根据交通区位条件规划城市市区通往城郊森林公园的公交线路,周末与节假日可适当多增加班次与延长时间,以便利市民出行,公交停车站设置可以与森林公园旅游服务区的旅游接待服务设施相互衔接。

6.6.2 环境整治规划

旅游规划的实施需要一个相对有利于规划的自然与社会环境。城郊森林公园作为城市市区或郊区的一大块绿地与城市发展有着历史与现实经济、社会文化、居民生活等诸多方面的联系,森林公园内部及公园外围可能是零星散落的小村庄、小商铺、小厂房或农业耕地,这可能不利于森林公园休闲旅游规划的实施,因而需要城市发展规划等方面的配合,根据旅游功能区划与旅游产品体系构建对土地及环境的要求,对这些零星散落的小村庄等进行妥善处理,对整个森林公园进行环境综合整治。

6.6.3 旅游制度保障体系构建

城郊森林公园旅游规划的实施不仅需要先对森林公园进行环境整治,而且森林公园休闲旅游的运营与管理需要城市相关制度保障,以便统一协调利益相关者的关系,如给予旅游企业如餐饮企业、旅游商铺等在旅游服务区经营的许可制度或给予政策扶持或政策约束,同时给予森林公园周边社区居民或原森林公园所属林场职员参与餐饮企业、旅游商品等经营的机会,也可建立这些人群成为森林公园旅游服务职员的相应机制。森林公园旅游规划实施需要的土地政策、投资政策、水电设施的建设等都需要城市相应的保障支持。现代休闲时代城郊森林公园旅游发展还需要通过免费或低票价制度更好地推动和谐社会的休闲旅游发展,切实提高市民的休闲生活质量。

第7章　实证研究一:南京紫金山森林公园 "三析五构"旅游规划

南京目前共有老山与紫金山两个国家级森林公园,牛首山、南郊、无想寺、游山、平山、金牛湖、方山、栖霞山八个省级森林公园(表7-1)。其中老山森林公园森林覆盖率达85%,境内共有大小山峰近百座,山中分布着寺庙、古墓、山泉和溶洞,是一个既有风景名胜又有山林野趣的旅游胜地;紫金山森林公园区内自然条件优越,人文景观丰富,有风景名胜和古迹遗址200余处;牛首山森林公园由牛首山、祖堂山等诸多大小山组成,自古至今是享有盛名的旅游胜地,被誉为"春牛首",与"秋栖霞"齐名;南郊森林公园山势蜿蜒起伏,拥有着深厚的人文历史;无想寺森林公园内群山环抱,林木繁茂,古迹众多,集自然景观与人文景观为一体;游山森林公园境内自古就是三教圣地,文化内涵丰富深厚,而且自然环境优美,满山苍松挺拔,遍野修竹滴翠;平山森林公园山、洲、水交融一体,相映成趣;金牛湖森林公园由四山一湖组成,景区森林覆盖率达高达95%,植被以松树和水杉为主,山上有明代的金光禅寺等多处文化景点;方山森林公园是长江下游一座著名的死火山,森林覆盖率达90%;栖霞山森林公园有成片的枫树,每到深秋,满山红遍,景色十分迷人,另外有许多古迹名胜与奇岩怪石。

表7-1　南京省级以上森林公园基本情况表

公园名称	级别	面积(hm²)	批复时间(年.月)	区域位置	
				区县	位置
老山	国家级	2000	1991.8	浦口区	长江北岸
紫金山	国家级	3009	2003.12	玄武区	城东中山门外
牛首山	省级	667	1995.8	江宁区	中华门南12 km
南郊	省级	1000	2001.4	雨花台区	中华门南11 km
无想寺	省级	1280	2001.7	溧水县	邻宁高高速,距禄口国际机场22 km
游山	省级	1100	2001.7	高淳县	宁建公路上,踞县城13.5 km
平山	省级	2213	2005.1	六合区	东至八百桥镇,南至马鞍镇
金牛湖	省级	2130	2006.4	六合区	六合城区东北17 km
方山	省级	544	2007.3	六合区	六合区东南部、宁通高速南1 km
栖霞山	省级	860	2008.9	栖霞区	太平门外22 km

注:资料来源于江苏省林业局江苏省林业技术推广总站。

根据南京省级以上森林公园的区域位置、资源特点及旅游发展情况,本书选取南京紫金山国家级森林公园和牛首山省级森林公园来探讨城郊森林公园的"三析五构"旅游规划。案例选择依据是:(1)紫金山位于城区,牛首山位于郊区,分别属于城市型森林公园和城市近郊型森林公园,是城郊森林公园的典型代表。(2)紫金山森林公园和牛首山森林公园旅游资源与其他省级以上森林公园类似,在旅游资源吸引力方面基本能代表其他森林公园。(3)紫金山旅游规划发展较为成熟,而牛首山还未完全规划开发,两者能代表城郊森林公园休闲旅游规划与旅游发展的不同阶段。

本章探讨紫金山森林公园"三析五构"旅游规划。

7.1 紫金山森林公园旅游环境、资源与市场"三维一体"分析

7.1.1 紫金山森林公园旅游环境分析

7.1.1.1 南京城市概况

南京是长江下游地区的经济、文化、金融、商贸中心城市之一,也是一座山、水、城、林交相辉映,古都特色与现代文明融为一体的滨江城市。南京辖玄武、鼓楼、下关、栖霞、建邺、白下、秦淮、雨花台、江宁、六合、浦口 11 个区和溧水、高淳 2 个县,辖区总面积 6582.31 km²,其中玄武、鼓楼、下关、栖霞、建邺、白下、秦淮、雨花台主城八区面积 770.74 km²。2007 年全市常住人口617.17 万,主城八区人口 306.81 万,这其中不含外地户口的南京常住居民(表 7-2)。另据南京统计局数据,2007 年南京城市居民人均消费性支出 13278.44 元,比上年增长 8.5%。

表 7-2　南京 2007 年土地面积、人口与人均可支配收入统计

区县名称	土地面积 (km²)	户数 (万户)	总人口 (万人)	人均 可支配收入(元)	比上年 增长(%)
全　市	6582.31	199.62	617.17	20317.17	15.8
玄　武	75.17	13.65	50.05	22459.39	14.8
鼓　楼	24.77	18.37	69.57	22507.62	13.8
下　关	28.30	10.92	30.20	18644.17	19.5
栖　霞	376.09	13.01	42.73	18604.56	15
建　邺	82.66	7.69	21.00	17702.68	13.3
白　下	26.46	15.67	46.85	21013.86	15.8
秦　淮	22.69	9.97	25.12	18171.66	16.8
雨花台	134.60	7.45	21.29	18227.53	12.5
浦　口	912.33	16.63	51.68	18461.10	17.7
江　宁	1572.87	29.72	87.94	19580.13	16.5
六　合	1467.12	28.64	87.96	18126.52	16.1
溧　水	1067.26	13.76	40.73	17081.31	17.3
高　淳	791.98	14.14	42.05	18089.25	18.6

注:人口数据根据公安年报数据编制;资料来源于南京市统计局网页。

近年来南京城市发展较快,推动了城市居民外出休闲旅游。南京旅游局网站资料显示,到 2007 年南京的城市化水平超过 75%,城区园林绿化覆盖总面积达到 81279 hm²,城区人均公园绿地面积为 12.99 m²,荣获了"中国优秀旅游城市"、"全国环境综合整治优秀城市"、"国家园林城市"、"国家卫生城市"、"国家环保模范城市"、"2008 中国十大休闲城市"等称号。2008 年南京荣获联合国人居奖最高奖项。

7.1.1.2 南京城市旅游发展情况

南京旅游资源丰富,是中国著名四大古都之一,历史悠久,文化深厚,被称为"六朝古都"和"十朝都城",境内山环水绕、钟灵毓秀,自然景观和人文景观相得益彰,曾以"金陵四十八景"闻名于世。近年来南京在经济、社会、文化发展的大背景下,休闲旅游发展速度加快,形成紫金山、雨花台、总统府、玄武湖、新街口、夫子庙、珍珠泉等城郊游憩中心地(表 7-3),其中国内旅游者认为南京最值得游览的地方主要有中山陵、夫子庙、雨花台、新街口等地方(表 7-4)。

南京城市旅游近期发展较快,市政府提出要实现由区域旅游中心城市到国内一流、国际知名观光休闲旅游名城跨越的大目标。在政府部门的大力支持与推动下,南京旅游产业规模不断扩大,旅游产品结构渐趋合理,旅游业已形成"食、住、行、游、购、娱"各部门基本配套、体系较为完善的新兴产业,2007 年全年共接待 4489 万人次国内旅游者,其他主要旅游指标均有上涨(表 7-5)。

表 7-3　南京城郊主要游憩中心地

名称	属性、级别	名称	属性、级别
紫金山森林公园	自然、人文、5A 景区	新街口	RBD
雨花台风景区	自然、人文、4A 景区	湖南路	RBD
总统府	人文、4A 景区	夫子庙	人文、RBD
玄武湖公园	自然、4A 景区	鼓楼广场	市民广场
秦淮风光带	自然、4A 景区	朝天宫	人文、4A 景区
莫愁湖公园	人文	绿博园	自然
情侣园	自然	绣球公园	自然
红山森林动物园	自然	牛首山森林公园	自然、人文
清凉山公园	自然	珍珠泉	自然、省级旅游度假区
古林公园	自然	南郊森林公园	自然、人文、3A 景区
幕府山风景区	自然	金牛湖森林公园	自然、2A 景区
栖霞山森林公园	自然、人文、4A 景区	老山森林公园	自然
梅园新村	人文、4A 景区	汤山风景名胜区	人文、地下温泉、历史遗迹
狮子山公园	自然、4A 景区	游山森林公园	自然、2A 景区
九华山公园	自然	江心洲民俗村	人文、2A 景区
白鹭洲公园	自然	无想寺森林公园	自然、人文
明故宫遗址	人文	平山森林公园	自然
南京博物院	人文、4A 景区	方山森林公园	自然

表 7-4 国内旅游者认为南京最值得游览的地方（前十位）

名称	比例（%）	名称	比例（%）
中山陵	90.12	玄武湖	47.73
灵谷寺	69.47	总统府	38.23
夫子庙	64.77	新街口	29.72
明孝陵	59.4	莫愁湖	27.17
雨花台	49.73	大屠杀纪念馆	24.63

注：资料来源于黄震方等（2002）。

表 7-5 南京 2007 全市旅游主要指标

项　　目	计量单位	2007 年	±%
全市接待国内外旅游者	万人次	4605.12	18.1
国内旅游者	万人次	4489.00	18.1
海外旅游者	万人次	116.12	15.1
旅游总收入占 GDP 的比值	%	18.78	2.1 个百分点
全市拥有星级饭店	家	143	12.6
全市拥有旅行社	家	436	6.3
从事国际旅游业务	家	27	0.0
4A 级旅游景区（点）	个	7	0.0
5A 级旅游景区（点）	个	1	——

注：资料来源于南京市统计局网页。

政府部门的支持和推动在促进南京城市旅游全面发展同时也为南京城市居民休闲旅游提供了更广阔的天地。根据"十一五"规划，南京 2012 年要基本实现现代化，在改善城市居民经济生活的同时也要提高市民休闲生活质量，并对南京绿色生态系统建设指出目标，实施人居森林工程，建设紫金山、幕府山等十大城市森林公园和牛首山、青龙山等十大郊野森林公园。

7.1.1.3　紫金山森林公园旅游区位分析

紫金山国家森林公园位居南京主城区东侧中山门外（图 7-1），辖区面积 3008.8 hm²，森林覆盖率达到 77.8%。紫金山是国内首个大型的国家级城市森林公园，是南京的"城中之山、城中之林、城中之园"，为是南京城市最大的一块绿地，是南京城的"天然氧吧"和"绿肺"。紫金山又名"钟山"，境内森林生物资源丰富、自然景观优美，钟山风景名胜区为南京唯一一个国家 5A 级景区，景区内有历史人文景观 200 多处，包括驰名中外的明孝陵、中山陵、灵谷寺等景点，其中明孝陵为世界文化遗产。在 2004 年南京市规划局进行的"南京城市空间特色"调查中，特色山体类紫金山以 92.6% 的认同率位居第一（图 7-2）。

紫金山周边主要有玄武湖、情侣园、明故宫遗址、南京博物院等游憩中心地。结合南京城郊主要游憩中心地的资源属性与级别（表 7-3），可见，从资源情况来看，紫金山森林公园在整个南京市游憩中心地中具有垄断性，比较优势显著。

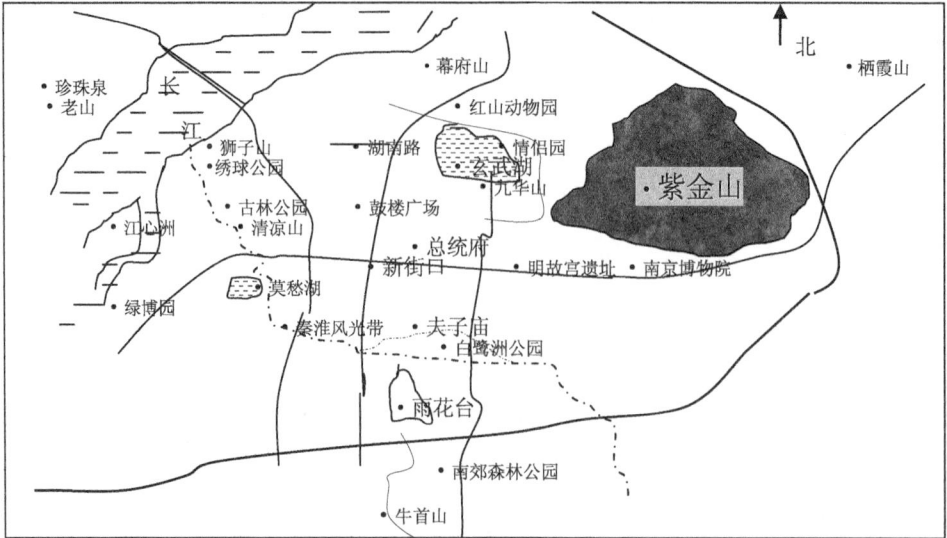

图 7-1　紫金山森林公园区位示意图

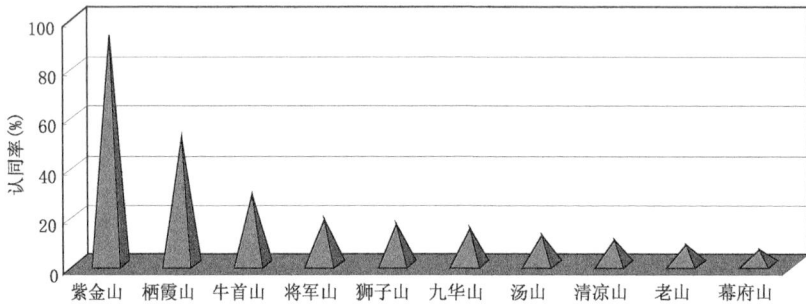

图 7-2　南京城市山体特色
（资料来源于南京规划展览馆）

从城市居民客源情况看（由于南京市部分区原为县，人口分散，本章所探讨的城市居民客源为玄武、鼓楼、下关、栖霞、建邺、白下、秦淮、雨花台主城八区居民），紫金山周边的玄武区、鼓楼区、白下区、栖霞区人口众多（四区人口为 209.2 万，占主城区人口的 68.3%，见表 7-2），社区密集，依据城市居民外出休闲旅游目的地决策的休闲成本约束原理，这四区的市民成为紫金山休闲旅游的一级客源市场，并且这四区的人均可支配收入相对较高，休闲意识较强，前来"闲逛"的频率较高，其他四区的市民可成为二级客源市场。

紫金山的地理区位在影响其客源市场的同时也影响其交通区位，紫金山内部及对外交通十分方便。内部道路四通八达，路面平整流畅，通往紫金山内部及外围的公交线路主要有 Y1、Y2、9、20、141、51 等几十路公交车，这些公交线路主要穿越紫金山一级客源市场的四区，部分线路也通往二级客源市场的四区。紫金山外围主要有龙蟠路、沪宁高速公路、玄武大道、中山门外大街、宁杭公路、绕城公路等交通道路。

7.1.2　紫金山森林公园旅游资源分析

7.1.2.1　紫金山森林公园旅游资源集合区分析

紫金山境内自然与人文旅游资源丰富,地文资源、水文资源、生物资源、人文资源都较丰富,天象资源一般。地文资源主要体现在紫金山的地形地貌;水文资源以湖泊与水库为主,主要分布在紫金山的东北与西南山麓;生物资源体现在森林景观、古树名木、野生动物、昆虫、季相植物、植物园等方面,其中森林景观含针叶林、阔叶林、针阔混交林、竹林等,主要分布于紫金山的中北部区域;人文资源以中山陵、明孝陵、灵谷寺为主体,主要分布于紫金山中南部区域(表 7-6,图 7-3)。

表 7-6　紫金山旅游资源概况

资源类别		主要资源
地文资源	地形地貌	紫金山山脉呈东西走向,坡分南北,山形似弯月形向南微抱
	地质构造	地质珍迹有:宁镇褶皱、紫金山断层、紫金山地层剖面、紫金山绝壁、植物化石等
水文资源	湖泊	前湖(燕雀湖)、紫霞湖、琵琶湖、下黄马水库、军民友谊水库、王家湾水库等
	潭池	黑龙潭、万工池
生物资源	森林景观	针叶林 267 hm², 阔叶林 1442.7 hm², 针阔混交林 367.2 hm², 竹林 30.7 hm²。乔木、灌木、藤本、草本共 113 科 600 多种。常见的针叶树种为:马尾松、雪松、侧柏等;落叶阔叶树种有:麻栎、枫香、榔榆等;常绿阔叶树种主要有:青冈栎、石楠等
	古树名木	古树名木近 50 种,924 余株,其中树龄 100 年以上的有 103 株。属国家二级保护树种的有:银杏、白玉兰等
	野生动物	鸟类 9 目 42 科 64 种,其中留鸟 27 种,夏候鸟 19 种,冬候鸟 8 种,旅鸟 9 种,珍贵稀少的有:笼鸟画眉等。林区有獐、野兔、狗獾、刺猬等野兽,珍贵的有露牙獐
	昆虫	昆虫多达 200 多种,隶属于 13 个目 86 科,蝶类共 8 科,41 属,76 种。其中 10 个种为珍稀观赏蝶类,有国家二级保护动物——中华虎凤蝶
	季相植物	春季梅花,集中于梅花山;夏季玉兰,位于流徽湖北侧;秋桂花,位于灵谷公园内;冬竹海,位于紫金山西南坡的竹海公园
	植物园	世界著名的植物园——中山植物园,位于紫金山明孝陵西,是我国四大植物园之一。园内拥有植物资源达 186 科 993 属 3706 种,并珍藏腊叶标本 50 余万份

续表

资源类别		主要资源
人文资源	专类游园	红楼艺文苑:位于梅花山脚下,占地 7.3 hm²;孙权故事园:在梅花山下;白马石刻公园:位于紫金山山水(玄武湖)城结合部
	陵墓陵园	中山陵:坐落于中山陵园第二峰茅山南麓,为全国重点文物保护单位,国内外著名旅游胜地;明孝陵:位于中山陵以西约 1 km 处的独龙阜,已为世界文化遗产
	知名建筑	风景建筑 18 处、文娱建筑 1 处、宫殿衙署 2 处、宗教建筑 4 处、纪念建筑 26 处、工程构筑 4 处。主要有山晓亭(天堡峰)、正气亭(紫霞湖北岸)、音乐台(中山陵广场南)、美龄宫(紫金山南)、灵谷寺(中山陵东)、蒋王庙(紫金山北麓)
	胜迹	含遗址遗迹、摩崖题刻、雕像、纪念地、科技工程、游娱文体设施和其他胜迹。科技工程是紫金山天文台(紫金山西峰之巅,国家级文物保护单位)和古天文仪器(省级文物保护单位);游娱文体设施有南京市体育学院(位于紫金山东南侧)等
	风物	包括节假庆典、宗教礼仪、地方物产、其他风物。主要有南京国际梅花节、桃花节、蒋王庙庙会、白马风筝节、中山陵园牌雨花茶等
天象资源	光现象	日出、日落
	气候	四季分明、雪景

注:资料来源于江苏省林业局江苏省林业技术推广总站。

图 7-3　紫金山主要景观分布示意图

(资料来源于中山陵园风景区网页,http://www.zschina.org.cn/lyfw.aspx♯map)

7.1.2.2　紫金山森林公园旅游资源质量评价

(1)旅游资源的定性评价

紫金山作为全国重点风景名胜区,1991 年荣获"中国旅游胜地四十佳"称号,2000 年列入国家首批 4A 级景区名录,2002 年通过 ISO14000(环境管理体系论证)示范区验收,2004 年被江苏省政府授予"最佳人居环境范例奖"，2007 年成为全国首批 5A 级景区，可见紫金山旅游资源的体验性质量高。

紫金山自然资源丰富。三峰叠嶂，山体高大雄浑，上部地势陡峭，山麓地势延绵平缓，起伏适度。山体的紫色页岩，在阳光照射下，呈紫金之色，如紫气祥云，其水文资源给紫金山增添了无尽的灵气和清幽柔美。紫金山具有多样的山体空间，形成了多样的生物生存的立地类型，其山林层次丰富，古树名木众多，森林蓄积量大，常绿阔叶树种丰富，形成了郁郁葱葱，苍翠欲滴的森林气氛。

紫金山人文资源源远流长、意韵深厚。目前有国家级重点文物保护单位 8 处，省级文物保护单位 9 处，市级文物保护单位 10 处，这些文物成为我国政治、经济、思想、文化发展状况的缩影。其中，中山陵、明孝陵等在世界和我国建筑艺术史上具有重要地位和独特价值，集中体现了我国传统建筑艺术的博大精深与非常成就，具有极高的科技艺术价值与深广的文化内涵。

（2）旅游资源的综合定量评价

紫金山森林公园旅游资源的定量评价参照旅游地综合评价模型——罗森伯格—菲什拜因数学模型：

$$E = \sum_{i=1}^{n} Q_i P_i \tag{7.1}$$

式中：E 为旅游地综合性评价结果值，Q_i 为第 i 个评价因子的权重，P_i 为第 i 个评价因子的评价值，n 为评价因子的数目。

依据罗森伯格—菲什拜因数学模型的基本思路，根据森林公园风景资源质量评价的评价因子与权重分配（图 5-3），以及森林公园风景资源质量评价因子评分值（表 5-5），紫金山风景资源的基本质量评价分值为：

$$B = \sum X_i F_i \Big/ \sum F \tag{7.2}$$

式中：B 为风景资源基本质量评价分值；X 为风景资源类型评分值；F 为风景资料类型权数。

紫金山风景资源质量评价分值按式（7.3）计算：

$$M = B + Z + T \tag{7.3}$$

式中：M 为风景资源质量评价分值，B 为风景资源基本质量评分值，Z 为风景资源组合状况评分值，T 为特色附加分。

紫金山风景资源质量综合定量评价评定分值按式（7.4）计算：

$$N = M + H + L \tag{7.4}$$

式中：N 为风景资源质量综合定量评定分值，M 为森林风景资源质量评价分值，H 为区域环境质量评价分值，L 为旅游开发利用条件评价分值。

通过对紫金山森林公园地文资源等的各项评价因子进行评分，结果如表 7-7 所示。

表7-7　紫金山风景资源质量评价

评价类型	评价因子及分值					累积分	满分值
地文资源	典型度	自然度	吸引度	多样性	科学性	17	20
	4	4	3	3	3		
水文资源	典型度	自然度	吸引度	多样性	科学性	16	20
	4	4	4	2	2		
生物资源	地带度	珍稀度	多样度	吸引度	科学性	34	40
	8	8	7	5	6		
人文资源	珍稀度	典型度	多样度	吸引度	利用度	15	15
	4	4	3	2	2		
天象资源	典型度	吸引度	珍稀度	多样度	利用度	2	5
	0.5	0.5	0.3	0.2	0.5		
组合状况	组合度					1.5	1.5
	1.5						
影响意义	附加分					2	2
	2						

注:评价分值来源于江苏省林业局江苏省林业技术推广总站。

根据式(7.2),紫金山风景资源基本质量 $B=(B_{地文}+B_{水文}+B_{生物}+B_{人文}+B_{天象})×26.5\%$ $=(17+16+34+15+2)×26.5\%=22.26$。

根据式(7.3),紫金山风景资源质量 $M=22.26+1.5+2=25.76$。

依据森林公园区域环境质量评价评分标准(表5-6)和城郊森林公园旅游开发利用条件评价指标评分标准(表5-7),紫金山的区域环境质量和旅游开发利用条件评价结果如表7-8所示。

表7-8　紫金山区域环境质量和旅游开发利用条件评价

评价类型	评价因子及分值					
区域环境质量	大气质量	地面水质量	土壤质量	负离子含量	空气细菌含量	
	1	1	1.5	2	1.5	
开发利用条件	公园面积	旅游适游期	区位条件	外部交通	内部交通	基础设施条件
	1	1.5	1.5	4	1	1

注:区域环境质量评分值来源于江苏省林业局江苏省林业技术推广总站。

可见,紫金山区域环境质量 $H=1+1+1.5+2+1.5=7$;旅游开发利用条件 $L=1+1.5+1.5+4+1+1=10$。

根据式(7.4),资金山风景资源质量综合定量评价结果 $N=M+H+L=25.76+7+10=42.76$。

可知,紫金山符合一级(40～50分)森林公园风景资源难以人工再造,森林资源的天然价值和旅游价值高(兰思仁 2004),适宜开展以当地市民为主体的休闲旅游。

7.1.2.3 紫金山森林公园旅游资源容量评价

紫金山森林公园可游区域广泛，目前有线性游览线路和面状游览区域，线性游览线路可采用线路法测算旅游资源容量，面状游览区域可采用面积法测算旅游容量，其中线路法测算公式是：

$$C = \frac{K \times L}{M} \quad K = \frac{T}{T_0} \tag{7.5}$$

式中：C 为旅游容量；L 为游览线路总长度；M 为基本空间标准，即游客人均占有游览线路长度；K 为周转率；T 为游览线路开放时间；T_0 为游完全部游览线路所需时间。

面积法公式为：

$$S = \frac{A}{A_0} \times \frac{T}{T_0} \tag{7.6}$$

式中：S 为旅游容量；A 为景点可游览面积；A_0 为每人最低空间标准；T 为每日开放时间；T_0 为单人游览时间。

由于紫金山全年的旅游适游期大于 240 天，现设平均可游览天数为 250 天，可知第 i 个游览区全年的旅游资源容量 $G_i = D_日 \times 250$，则

$$G_年 = \sum G_i \tag{7.7}$$

式中：$G_年$ 为紫金山的年旅游容量。

紫金山目前主要形成中山陵、明孝陵、灵谷寺、头陀岭、中山植物园、紫金山天文台、山顶公园、白马公园、琵琶湖景区、梅花谷公园等主要景区。其中前 7 个景区兼有线状和面状两种特性，量测方法可根据式(7.5)和式(7.6)计算，这些景区游览线路总长度为 7600m，各线路平均游览速度 25 m/min，旅游者合理间距为 10 m/人，每天有效游览时间 10 h(董杰 等 2004)，根据式(7.5)，可知这些景区资源每天游览线路的旅游容量 $C = (7600/10) \times [(10 \times 60)/(7600/25)] = 1500$ 人次。紫金山各景区都含面状游览区域，可根据式(7.6)测算(表 7-9)。

表 7-9 紫金山主要景区旅游资源容量

景区	$A(\text{m}^2)$	$A_0(\text{m}^2/\text{人})$	$T(\text{h})$	$T_0(\text{h})$	$D_日(\text{人次})$	$D_年(\text{万人次})$
中山陵	380000	80	10	4	11875	296.875
明孝陵	450000	80	10	3	18750	468.75
灵谷寺	220000	80	10	3	9166	229.15
头陀岭	106000	1000	10	1.5	706	17.65
山顶公园	350000	2000	10	2	875	21.875
植物园	860000	400	9	3	6450	161.25
天文台	25000	80	9	2	1406	35.15
白马公园	36000	100	10	2	1800	45
琵琶湖景区	105800	200	10	2	2645	66.125
梅花谷公园	968000	400	10	2	12100	302.5
合计						1644.325

注：前 8 个景区数据来自董杰等(2004)。

综合由式(7.5)和式(7.6)的测算结果,可知目前紫金山森林公园旅游资源的年旅游容量为:

$$G_{\text{年}} = \sum G_i = 1644.325 + 0.15 \times 250 = 1681.825(\text{万人次})$$

该旅游资源容量说明紫金山休闲旅游的发展空间巨大,但由于旅游流的时间与地段集中性突出,部分景区周末与节假日可能人满为患,故紫金山需改善休闲空间,以分散客流。

7.1.2.4 紫金山森林公园南京居民休闲旅游的资源经济价值评价

依据城郊森林公园的旅游规划定位,紫金山作为城市森林公园,虽然其著名景点如中山陵、明孝陵等以外地客源为主,但紫金山其他游览区域以南京市民为主,这些游览区的规划是目前紫金山旅游规划的重点,主要应满足南京市民的休闲旅游需求。

由于紫金山目前中山陵景区与明孝陵景区门票价格分别为80元与70元,南京本地居民很少花钱进入游览,而琵琶湖公园及其他部分自然游览区域已实行免费开放,并且本地市民出游方式大多数是乘公交而且自带食品,用旅行费用法调查南京主城八区居民的旅游经济消费难度较大,故采用条件价值法,通过调查分析南京居民的旅游支付意愿来评价紫金山森林公园旅游资源的本地客源市场旅游经济价值。

调查方法主要采取随机发放并回收调查问卷及访问等方式,调查时间为2008年6—10月的部分周末及少量工作日,调查地点为紫金山、玄武湖公园、雨花台风景区、莫愁湖公园、牛首山、红山动物园、情侣园、古林公园、月牙湖公园、绿博园、绣球公园、夫子庙、湖南路、鼓楼市民广场等,地域涉及南京主城八区,含收费景区与免费开放场所。

本次调查收集有关紫金山森林公园的调查问卷413份,有效问卷398份,问卷有效率为96.4%,其中"南京居民休闲旅游情况调查"在上述调查点除紫金山和牛首山外的点获得有效问卷247份,"紫金山森林公园休闲旅游情况调查"在紫金山的琵琶湖公园、梅花谷公园、中山陵景区、明孝陵景区、灵谷寺公园、水榭、白马公园至头陀岭步行道等地共获得有效问卷151份。

为调查南京居民到紫金山休闲旅游的支付意愿,"南京居民休闲旅游情况调查"和"紫金山森林公园休闲旅游情况调查"两份调查表都设置了5等次选项(见附录),调查结果如表7-10所示。

表7-10 南京居民至紫金山休闲旅游的支付意愿

选项	10元以下	10~20元	20~50元	50~100元	100元以上
份数	84	91	123	82	18
比例%	21.1	22.9	30.9	20.6	4.5

从结果可知,南京居民至紫金山休闲旅游的支付意愿偏向低成本,其中20元以下的占44%,50元以上的占25.1%,选取每个选项的中位数为平均数(100元以上取150元),可得南京居民的平均支付意愿为37.54元。如按所测的紫金山旅游资源容量1681.825万人次计算,可知,紫金山森林公园由南京居民休闲旅游带来的资源经济价值每年为62901.085万元。另根据调查结果获知,不愿买年卡或不属于老年人等优惠对象的南京居民绝大多数是不愿意现场买票进入收费景点游览的。

7.1.2.5　紫金山森林公园旅游资源比较优势分析

根据以上对紫金山旅游资源的评析，紫金山境内的人文资源、地文资源、生物资源优势明显，资源组合状况良好，具有特殊影响和意义。人文资源质量获得满分，质量价值高，地文资源与生物资源都获 85% 的分值，资源组合状况和特殊影响和意义也获得满分。水文资源和空气负离子含量获得 80% 的分值。没有优势的是天象资源（总分值 5 分得 2 分）（表 5-5、表 5-6、表 7-7、表 7-8）。人文资源主要集中在紫金山中南部，生物资源密集在紫金山中北部。因而紫金山旅游规划应重点发挥中北部的生物资源和中南部的人文资源，同时发挥紫金山整体的资源优势。

从整个南京城市旅游区域来看，紫金山森林公园的资源优势也明显，是南京唯一的 5A 景区，绿地面积在南京最大。森林覆盖率近 80%，尽管不如一些城市郊区森林公园的森林覆盖率，但在主城区优势相对明显，具备发展休闲旅游的良好森林生态环境。同时人文资源中有中山陵与明孝陵为核心的大片景观，在南京优势明显。因而紫金山既可发挥其森林生态优势又可发挥其人文吸引力，重点规划具有人文气息的森林休闲生态旅游。

7.1.3　紫金山森林公园休闲旅游市场分析

7.1.3.1　南京城郊休闲旅游产品分析

南京城郊游憩中心地目前主要有玄武湖、情侣园、绿博园等自然景区，有总统府、夫子庙等人文景区景点，紫金山、雨花台等综合景区，有新街口、湖南路等主要休闲购物场所，以及鼓楼广场等一些市民休闲广场。这些游憩中心地为南京居民提供日常休闲特别是周末和节假日休闲场所，主要以自然观光为主，有些自然景区凭借良好的森林生态环境可以为市民森林休憩提供便利，也有些含有适当的娱乐活动等（表 7-11）。

表 7-11　南京城郊主要游憩中心地及其休闲旅游产品

游憩中心地	主要产品	游憩中心地	主要产品
紫金山	自然观光、森林休憩、登山健身、历史古迹	新街口	购物、逛商场、美食、娱乐
雨花台	自然观光、革命历史教育、森林休憩、娱乐	湖南路	购物、逛街、美食、娱乐
总统府	民国文化、园林建筑	夫子庙	购物、逛街、古典建筑、美食
玄武湖公园	自然观光、水上运动、娱乐活动、湖滨休憩	鼓楼广场	市民休闲
秦淮风光带	自然观光、河滨休憩	朝天宫	文物展览、民俗
莫愁湖公园	水上运动、娱乐活动	绿博园	各地"绿色"博览、观光
红山森林动物园	自然观光、森林休憩、参观动物、娱乐活动	牛首山森林公园	自然观光、森林休憩、登山健身、历史古迹
情侣园	自然观光、休憩	珍珠泉	自然观光、休闲度假、娱乐
清凉山公园	自然观光、休憩	南郊森林公园	自然观光、森林休憩、娱乐

游憩中心地	主要产品	游憩中心地	主要产品
古林公园	自然观光、娱乐、烧烤	金牛湖森林公园	自然观光、森林休憩、娱乐
幕府山风景区	长江览胜、森林休憩	老山森林公园	自然观光、森林休憩
栖霞山森林公园	森林休憩、观光、佛教	汤山风景名胜区	观光、休闲度假、娱乐
狮子山公园	长江览胜、观光	江心洲民俗村	民俗园、植物采摘
九华山公园	自然观光、休憩	高淳老街	民俗古街
白鹭洲公园	自然观光、休憩	无想寺森林公园	自然观光、森林休憩、佛教
绣球公园	自然观光、休憩	游山森林公园	自然观光、森林休憩
明故宫遗址	明朝遗迹	平山森林公园	自然观光、森林休憩
南京博物院	文物展览	方山森林公园	自然观光、森林休憩

7.1.3.2　南京居民休闲旅游情况分析

根据"南京居民休闲旅游情况调查"获得的 247 份有效问卷得知,在周末或节假日的休闲方式方面,市民选择逛本地自然景区最多,其次是选择在家休闲。从户外休闲的地点选择来看,市民明显青睐市区或郊区免费景区。从这两项选择来看,表明南京市民周末或节假日到城郊自然免费景区休闲旅游的愿望强烈。通过其他选项可以发现,市民外出休闲一般花费半天时间的居多,并且到景区频率维持在半月以上一次。同时根据问卷和观察访问得知,市民"和家人"一起到景区景点休闲旅游的比例最高(表 7-12),气候适宜与阳光充足的周末或节假日一般是带儿童和老人全家外出休闲。

表 7-12　南京居民休闲旅游方式、地点、时间和频率统计

周末或假日 休闲方式	在家休闲	外喝茶 聊天	逛街购物	逛本地 人文景点	逛本地 自然景区	外地 旅游
人数	112	24	81	44	123	29
比例(%)	45.3	9.7	32.8	17.8	49.8	11.7

户外休闲的经常地点	居民小区	市民广场	市区或郊区 免费景区	市区或郊区 收费景区	外地景区
人数	25	74	148	46	36
比例(%)	10.1	30.0	59.9	18.6	14.6

休闲活动一般花费时间	1 小时之内	1～2 小时	半天	1 天	1 天以上
人数	4	33	147	56	7
比例(%)	1.6	13.4	59.5	22.7	2.8

经常外出休闲旅游方式	一个人	和伴侣	和家人	和同学	和朋友
人数	19	82	152	43	109
比例(%)	7.7	33.2	61.5	17.4	44.1

续表

到景区休闲旅游频率	每天1次	2～3天1次	每周1次	半月1次	1个月以上1次	
人数	9	14	61	76	87	
比例(%)	3.6	5.7	24.7	30.8	35.2	

城市居民外出休闲旅游目的和主要考虑的因素选择对城郊森林公园旅游规划有重要参考价值。南京居民户外休闲的主要目的以"放松心情"居多,其次是外出"观看风景"、"健身锻炼"和"换个环境",而市民对"欣赏文物"兴趣不大(图7-4),这与市民的休闲方式与休闲地点选择吻合。南京市民外出休闲旅游考虑的最主要因素是"自然环境",其他重要因素依次是"交通"、"费用"、"距离"、"休闲设施"等,市民外出休闲时间一般是"半天",因而"餐饮"因素市民考虑得较少(图7-5)。可见城郊森林公园旅游规划应维护良好的自然环境,同时为市民考虑休闲费用情况,改善休闲设施,尽量改善市民出游的交通状况,减少市民外出休闲旅游的感知"距离"。

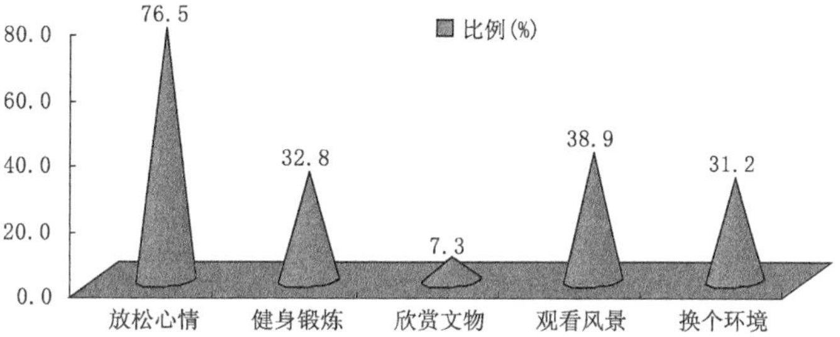

图 7-4 南京居民户外休闲主要目的

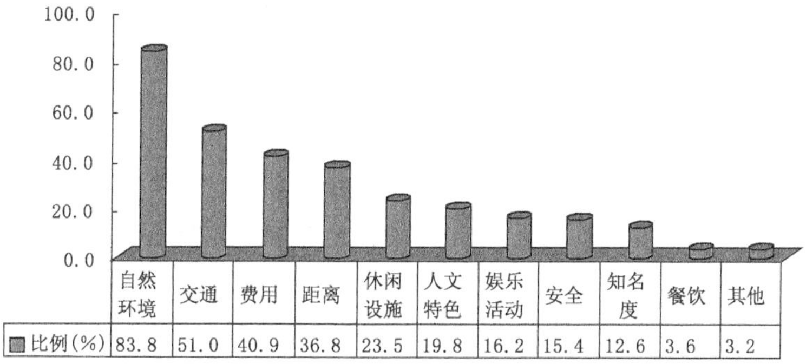

图 7-5 南京居民外出休闲旅游主要考虑的因素

在南京城郊主要游憩中心地中,南京居民周末或节假日青睐于紫金山、玄武湖、夫子庙、雨花台、红山动物园等主要景区,其中选择比例大于50%的有紫金山(63.6%)和玄武湖(55.9%),夫子庙、雨花台、红山动物园三景区的选择比例在30%～50%,而选择比例在10%以下的有栖霞山、绿博园、牛首山、将军山、清凉山等景区景点(图7-6)。

市民休闲旅游景区景点选择决策受外出休闲旅游主要考虑的"自然环境"、"费用"等因素影响,玄武湖、红山动物园、莫愁湖、古林公园、栖霞山、燕子矶、清凉山、国防园(石头城公园)、明故宫9家市民公园2008年9月7日(周日)免费开放,9大公园当天共接待旅游者35万人

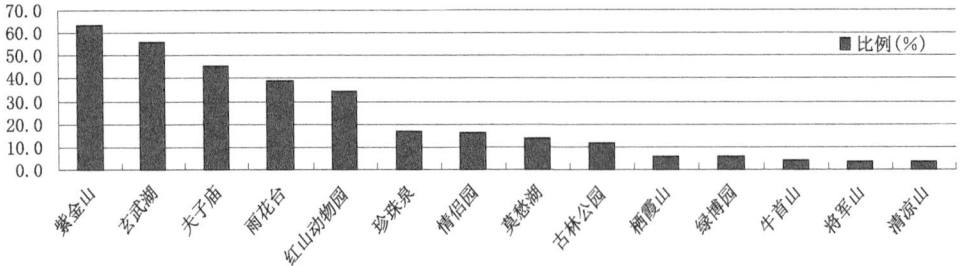

图 7-6　南京居民周末或节假日本地景区景点选择情况

次,其中玄武湖 12 万人次、红山动物园 17.5 万人次、莫愁湖 3 万人次,市民普遍反映,在公园游玩时最怕遇上私家车主乱摁喇叭,行人还要为私家车让路,感觉不舒服(徐关辉 等 2008)。尽管这 9 大公园多数是年卡免费范围,但由于公园年卡 2008 年为 150 元一张,南京旅游网公布的数据显示 2008 年实际办年卡 19 万张,可见,大部分市民是冲着"免费"去的。当然这其中冲着"免费"去的也含部分老年人,老年人是南京休闲旅游的重要客源,工作日是各大景区的主体。目前南京市 60 岁以上老年人已达 93 万,占全市户籍总人口的 15%,并且年均增长率为 4%,高于全省 0.5 个百分点(黄益 2008)。根据规定,70 岁以上的人可办老年证,老年人凭老年证可免费游览各大景区。2008 年重阳节约有 3 万名老人持老年证免费游览灵谷公园(高炜 等 2008)。因而,紫金山森林公园旅游规划在考虑南京市民休闲旅游特征时应重视老年人的休闲特点,以便更好地进行休闲旅游设施规划。

7.1.3.3　南京居民对紫金山森林公园的旅游感知情况分析

紫金山正式成为国家森林公园距今 4 年多时间,部分南京居民对紫金山是否属于国家森林公园还不了解。"南京居民休闲旅游情况调查"和"紫金山森林公园休闲旅游情况调查"收集的 398 份有效问卷中确认紫金山是国家森林公园的有 254 份,占 63.8%,在访问交谈中部分市民表示平时"没听说"或"没看到",被调查者认为这方面紫金山宣传得不够。

根据调查有效问卷,南京居民选择紫金山休闲旅游的因素最主要的是"自然景观优美",有 271 人选择此项,占总数的 68.1%,其次是"适合登山健身"(48.5%)(图 7-7),由此图也可看出,南京市民到紫金山休闲旅游并不看重"人文景观丰富",更不倚重"知名度高",市民认为紫金山适宜休闲。根据中山陵园管理局提供的数据,紫金山收费景区每年接待的旅游者约 500 万人次,本地居民买票游览的约占 20% 即 100 万人次,另外,中山陵园年卡每年办理 10 万张左右,老年证免费,免费区域中周末每天登山人数平均 2 万左右,天气晴好有时高达 3 万多人,平时本地居民也有二三千人进紫金山休闲旅游。

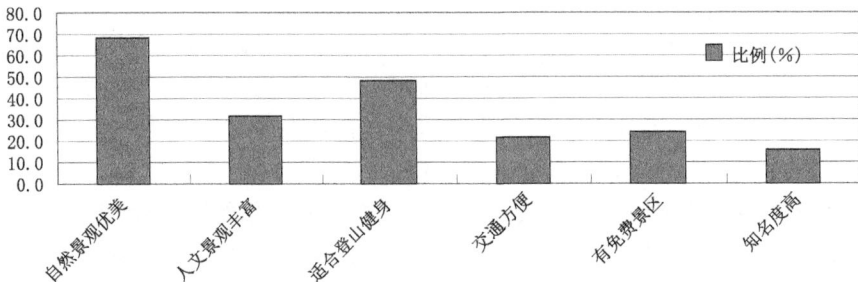

图 7-7　南京居民选择紫金山休闲旅游的主要因素

　　根据"紫金山森林公园休闲旅游情况调查"收集的 151 份有效问卷,南京居民对目前紫金山的休闲环境还是较满意的,在对休闲服务设施方面,市民普遍认为"比较完善"和"一般"。休闲步行道路方面存在一些"较不满意"和"很不满意",依据观察访问信息,主要是境内车流量过大,一些步行道路与车道没有完全分开,步行经常要吸收汽车尾气,另安全方面还得注意。紫金山在生态保护和环境卫生方面获得市民好感,"比较好"选项分别占 66.9% 和 63.6%。从南京市民对紫金山目前为止旅游规划方面的感知来看,23.2% 的市民问卷认为对市民意见"较不重视",50.3% 的市民问卷认为为市民服务方面"一般"(表 7-13)。

表 7-13　南京市民对紫金山休闲服务设施等的旅游感知

项目	选择项				
休闲服务设施	很完善 7.3%	比较完善 45.7%	一般 43.0%	较不完善 4.0%	很不完善 0.0%
休闲步行道路	很满意 9.9%	比较满意 47.7%	一般 31.8%	较不满意 8.6%	很不满意 2.0%
生态保护	非常好 15.9%	比较好 66.9%	一般 12.6%	较差 4.6%	非常差 0.0%
环境卫生	非常好 9.9%	比较好 63.6%	一般 24.5%	较差 2.0%	非常差 0.0%
对市民意见	非常重视 7.9%	比较重视 44.4%	一般 24.5%	较不重视 23.2%	很不重视 0.0%
为市民服务	非常好 9.3%	比较好 31.1%	一般 50.3%	较差 7.3%	非常差 2.0%

　　从旅游规划建议来看,南京居民认为,紫金山旅游规划需增加免费景区的占 60.9%、减少机动车入内的占 55.0%,休闲设施和步行道路需改善的分别占 40.4% 和 25.8%(图 7-8)。

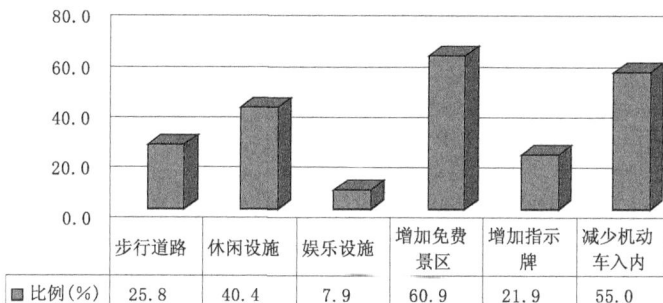

	步行道路	休闲设施	娱乐设施	增加免费景区	增加指示牌	减少机动车入内
比例(%)	25.8	40.4	7.9	60.9	21.9	55.0

图 7-8　南京居民认为紫金山旅游规划需改进的方面

7.1.4　紫金山森林公园发展休闲旅游的 SWOT 分析

　　综合上述紫金山森林公园休闲旅游市场分析,结合紫金山旅游环境和旅游资源分析结果,可知在以南京居民为主体的客源市场中,紫金山的森林生态资源和自然环境具有明显的优势,森林覆盖面积和森林景观在南京主城区优势突出,旅游资源的整体价值高,休闲旅游的市场吸引力强大,为南京部分市民周末或节假日休闲旅游的首选景区。不过紫金山水文资源相对缺乏,市场吸引力不大,同时境内部分步行道路汽车尾气过多,对注重身体健康的休闲市民来说有一定的影响,需加强休闲设施等规划,改善休闲环境。

南京居民收入较高,近年来政府重视旅游发展,休闲旅游发展较快,同时紫金山对森林绿化和环境整治更加重视,森林覆盖率的增加和一些免费开放休闲区域的增设等在一定程度上给紫金山的休闲旅游市场发展带来更大的发展机会。但紫金山境内商业化氛围较重,需避免城市化建设给休闲旅游发展带来威胁,同时面临南京城郊景区如玄武湖、红山森林动物园、绿博园等休闲旅游市场的发展及雨花台等一批免费开放景区带来的市场竞争。

7.2　紫金山森林公园旅游规划"五位一体"系统构建

紫金山森林公园可在上述旅游环境分析、旅游资源分析与休闲旅游市场分析等旅游规划"三维一体"分析的基础上,以社会效益为主导,依据社会发展导向旅游规划愿景,进行旅游规划理念体系、旅游规划目标体系、旅游功能区划体系、休闲旅游产品体系与旅游支持系统等旅游规划"五位一体"系统构建。

7.2.1　紫金山森林公园旅游规划理念体系构建

紫金山在南京城市生态系统、南京市民休闲生活系统甚至南京城市社会系统中占据重要地位。紫金山森林公园旅游规划需严格贯彻森林生态保护理念、资源低消耗理念、非城市化建设理念及人与自然和谐共生理念。

目前紫金山登山人数众多,南京市民休闲需求量大,重视森林生态保护理念有其现实意义,科学规划有利于保护植被与其他资源,应切实保护马尾松、雪松等森林景观,保护银杏、白玉兰等古树名木,保护各种野生动物和中华虎凤蝶等昆虫,采取有效措施保护紫金山境内的水资源环境和土壤环境等,维护紫金山的森林生态平衡;公园内景点规划时减少植被和水资源损耗,设计登山线路等减少市民登山带来的植被踩踏等;避免景区各单位大量建设,避免类似"民国1933新生活社区"酒吧一条街(孙兰兰 2007)的实际建设等,减少紫金山的城市化倾向;设计适宜休闲产品并适当进行旅游解说,让南京市民了解紫金山的各主类植被、野生动物和昆虫等的生存状况等,创造条件让市民了解自然,感知紫金山人与自然和谐共生的生命活力。

7.2.2　紫金山森林公园旅游规划目标体系构建

紫金山森林公园旅游规划需满足南京市民特别是南京主城区居民的日常、周末和假日的休闲需求。紫金山的中山陵、明孝陵等知名人文景区的主要客源在外地,外地人慕名而来"到此一游"的目的明显。南京本地居民对这些景区都较熟悉,市民游览紫金山重在休闲,对人文景区的兴趣不大。因而紫金山旅游规划需注重紫金山自然景区的规划,特别是一些免费自然区域的规划开发,规划紫金山山北、山南片区以森林生态旅游为主体的休闲旅游产品,以及为市民提供适宜的登山健身线路与其他步行游览线路。同时利用中山植物园、梅花山等区域并配以旅游解说传播紫金山的森林生态文化,提高南京市民对自然生态的认知和文明旅游素质的提高。并在规划理念指导下通过原生态规划建设、人性化的景区景点规划建设、休闲旅游设施规划建设等为南京市民创造"天人合一"的休闲环境。

7.2.3　紫金山森林公园旅游功能区划体系构建

根据紫金山森林公园旅游资源特点和居民休闲旅游需求,紫金山可划分为山林生态保护区、核心森林保护区、名胜古迹观光区、自然观光休憩区、科普景观游赏区、森林生态游憩区和休闲游乐活动区 7 个旅游功能区域,并设东服务区、南服务区、西入口处、北入口处等旅游服务区域(图 7-9)。

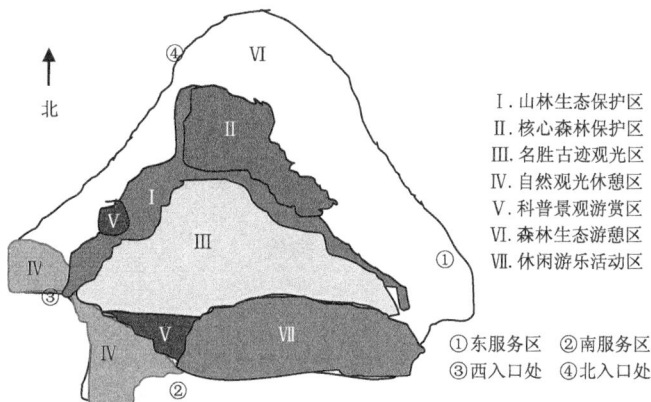

图 7-9　紫金山旅游功能区划示意图

山林生态保护区位于紫金山的中部,由北高峰、茅山、天堡峰等山脉构成的一个狭长地带,此地带含针叶林、阔叶林、针阔混交林、竹林等,乔木、灌木等树种品种与数量众多,是紫金山野生动物的栖息地。该功能区是紫金山森林保护的主体区域,可允许市民登山健身、山顶观光与林间漫步等对森林无损耗的休闲活动,不宜规划任何商业建筑。山林生态保护区北坡中上部的针阔混交林区为核心森林保护区,该区域森林覆盖率高,远离居民点和主要交通干道,人为干扰活动较少,是紫金山仅有的河麂、艾鼬、刺猬、草兔等野生动物的栖息地、繁殖地,应以封山育林为主,开展野生动物保护的科学研究(李明阳 等 2007),此区域旅游者不可随意进入。紫金山的古树名木和各名胜古迹等分散于紫金山各区,也是紫金山的核心景观,是紫金山旅游规划的保护对象,应通过隔离或限制游览人数,并配以保护设施和旅游解说进行保护。名胜古迹观光区以观览名胜古迹为主,位于山南中部区域,有中山陵、明孝陵、灵谷寺等文物保护单位,含紫金山主要的历史遗迹与建筑设施等人文旅游资源,是中山陵园风景区的核心景观,也是外地旅游团队的参观游览之地,南京本地居民既可参观各类名胜古迹,又可观览此区域的古树名木等森林景观。自然观光休憩区以自然观光与静态休憩为主,此区域包括紫金山西南部的白马公园、琵琶湖景区、前湖景区、梅花谷、中山门入口公园等景区,含白马湖、琵琶湖、前湖、梅花湖等水文资源,视域开阔,空旷草坪地块多,适宜静态休憩,南京居民可在湖滨游览漫步或临近草坪地静坐,欣赏周边自然景观,观览紫金山的森林和山峰景观。科普景观游赏区含紫金山天文台、中山植物园、梅花山、海底世界等景区,是天文科技、植物生态、海洋生物等科普知识传播的集中地域,旅游者可在游览这些景区的同时了解一些科普知识,在参观游览的同时提高自己的科学文化素质。森林生态游憩区位于紫金山北坡中下部,区内主要为针叶林、阔叶林和竹林,以马尾松、麻栎、枫香、毛竹等树种为主,东北麓有军民友谊水库、紫金湖、上下黄马水库、周家洼等水文资源,此区域主要以森林观光与登山休闲为主,亦可进行水景观光。休闲游乐活动区位于紫金山的南部,此区域森林覆盖率低,有一些农地,可规划开发一些参与性旅游活动项目,作为紫金山市民休闲与旅游活动区域。

紫金山森林公园的东服务区可置于环陵公路青马村附近,此处交通方便,便于外地车辆进出。东服务区规划为紫金山的旅游服务中心,作为旅游团队的出入集散地,设内外停车场,内停紫金山境内通行的旅游公交车和自行车,外停旅游团队车辆与私家车,同时设票务中心、导服中心、自行车租赁点、旅游商品店、餐饮中心等,集停车、票务、导服、自行车租赁、商业服务功能于一体。南服务区东临陵园路、西北接梅花谷景区、南临宁杭公路,地铁二号线苜蓿园站位于其中,此处可作为南京居民的主要出入口,设小型旅游服务区,规划咨询、票务、自行车租赁、紫金山境内旅游公交接送服务等功能。西入口处位于白马公园旁,此处可规划为多路公交车的终点站,为登山市民的出入口,设置旅游咨询、自行车租赁服务、旅游公交接送服务等功能。北入口处位于王家湾,此处目前有50路、70路等12条公交线路通过,交通集散功能强,可规划为山北市民进入紫金山的主要入口,同样设置旅游咨询、自行车租赁服务等功能。

7.2.4　紫金山森林公园休闲旅游产品体系构建

7.2.4.1　休闲旅游产品系列规划

由于紫金山符合一级森林公园风景资源,天然价值高,难以人工再造。因而根据森林公园资源型旅游产品分类(表6-4),紫金山森林公园除核心森林保护区只允许科学考察活动外其他各旅游功能区休闲旅游产品应以资源依赖型为主体,以森林生态休闲旅游为主,适当规划一些资源利用型、资源改造型或资源创新型旅游产品。

山林生态保护区主要可进行登山健身、森林观光、山地观光、林间漫步等休闲旅游活动。紫金山目前形成的登山路线较多,有"官道"也有"野道"。根据登山需求情况,应重点修建完善六条主要登山路线(图7-10),由于目前六条主要登山路线周末人满为患,市民乱走"野道"的现象严重,因而也应根据目前100多条"野道"的分布情况,规划一些登山对森林植被无损耗的小路,满足南京居民的登山健身需求。登山路线的规划能让南京市民进行既可登山健身,又可以进行森林观光,观览紫金山森林景观,同时进行山地观光,观览紫金山轮廓,远眺南京城市风貌或林间漫步,欣赏沿路的林木景观,达到"放松心情"、"观看风景"、"健身锻炼"和"换个环境"等休闲旅游目的。

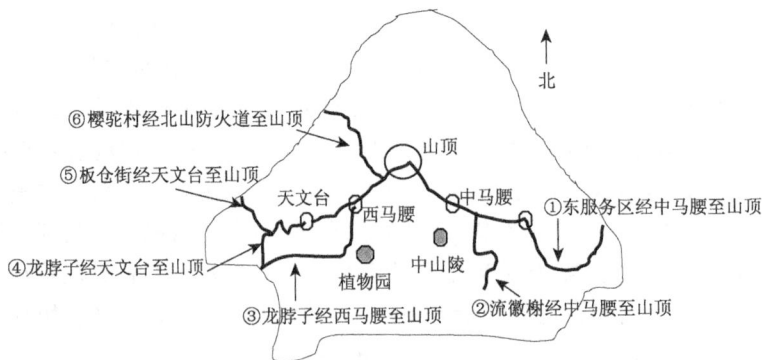

图7-10　紫金山登山路线示意图

(资料来源于《南京市人民政府关于加强紫金山登山管理的通告》)

名胜古迹观光区是一个相对成熟的旅游功能区，产品应以人文观光为主，也可适当规划森林观光产品。因而此功能区应完善中山陵、明孝陵、灵谷寺、美龄宫、孙科公馆、红楼艺文苑、流徽榭等人文景观的规划，必要时进行适当的建筑修复，但应保持原貌，同时完善景点的环境改造，为市民提供休憩空间。让市民在欣赏此区域历史建筑的同时也可观赏周边的森林景观，同时紫金山旅游规划应完善通往这些景观的休闲步道，造就紫金山的"天人合一"的休闲环境。

自然观光休憩区西面和南面社区密集，人口众多，有南服务区和西入口处，通往城区公交线路方便，利于南京市民前往休闲。此区域休闲旅游产品应以市民休憩静养为主，同时可方便市民观览周边自然景色。此区域的白马公园湖光山色，西面正对着玄武湖，可完善休憩空间，让市民在白马公园既可观看玄武湖风光又可欣赏紫金山景色。中山门入口公园可规划网状休闲步道并完善休憩亭，供市民休闲漫步，观览紫金山风光。琵琶湖公园西南面有城墙为屏障，远离交通要道，并有大量乔木，相对幽静，应以市民静态休憩为主。前湖和梅花谷景区相对空旷，视域开阔，可规划成观看紫金山山脉及其森林风光的较好地点，同时市民可漫步前湖和梅花湖湖滨或草坪地休憩，前湖也可规划垂钓活动。为便于市民休憩，此功能区应多设休憩观光亭。

科普景观游赏区可规划植物景观欣赏、天文台观览、海洋生物观览、科普知识讲座、植物标本制作等休闲旅游产品。此功能区可充分展示中山植物园和梅花山的植物优势，利用中山植物园丰富的植物资源和梅花山的梅花品种优势宣传植物的科普知识，充分利用梅花开放时节宣传梅花特色，同时充分利用视频多媒体等旅游解说让旅游者在参观游览植物园和梅花山的同时了解熟知植物的生长和繁殖等相关文化知识，并吸引学生观览等。植物园和梅花山也可开展植物标本制作或植物种植等活动培养南京居民的生态的理解。紫金山天文台可充分利用最近掀起的航天热借助天文台设备设施和古天文仪器传播天文科学知识，通过知识展览和科普讲座培养旅游者科学文化素质特别是培养学生探索科学的热情和社会责任。海底世界可在举行海洋生物表演的同时宣传生物保护知识，通过降低票价或免票的形式给青年学生讲解相关生物常识。

森林生态游憩区主要可开展森林观光和登山健身等休闲旅游产品。该区域应保持原生态的山野风貌，可让市民观览山北的针叶、阔叶林和竹林等林木景观，进行登山健身，在锻炼身体的同时观览紫金山北部南京的城市风光。同时也可组织青年学生等采集马尾松、麻栎、枫香、毛竹等树种的标本，培养学生对森林生态的认知。也可组织旅游者参观游览军民友谊水库、紫金湖、上下黄马水库等水文景观。

休闲游乐活动区西南角有南服务区和地铁苜蓿园站，南面有下马坊、孝陵卫和钟灵街等公交和地铁站，交通方便，临近有南京农业大学、南京理工大学和南京体育学院，参与性和运动型旅游产品客源充足。此功能区可利用森林覆盖率低及其部分农田等特点，规划一些参与性和运动型的休闲旅游活动产品。可把流徽湖畔的紫金山（滑道）游乐园搬迁过来，并在无森林植被的地带规划以运动为主题的小型游乐场所，这样既丰富了山南的休闲活动，减轻一些南京居民参与旅游活动的时间成本，又可利于流徽榭周边森林景观的培育。并可利用此区域农田种植一些果树或蔬菜，适当开展一些果蔬采摘等参与性休闲旅游活动。同时也应利用此区域的森林植规划森林游憩产品被让市民享受森林休闲的乐趣与轻松。

7.2.4.2　休闲旅游设施规划

紫金山的休闲旅游设施规划应以满足市民休憩的休闲设施为主，东服务区和南服务区及山南的休闲游乐活动区域可以规划少量商业设施,以便最大程度的维护紫金山的森林生态环境。根据南京居民休闲旅游在于"放松心情"、"观看风景"等目的,以及选择紫金山休闲旅游是因为"自然景观优美"和"适合登山健身"等因素,同时考虑南京居民对紫金山休闲旅游感知情况,紫金山的休闲旅游设施规划应重点完善登山道路、休闲游览步道及其沿路的休憩亭和休息椅的设计与建设。

市民登山健身主要是观览紫金山的自然美景,呼吸林间清新空气,各登山道路和休闲游览步道都应远离机动车道,避免汽车尾气污染。依据对紫金山旅游感知的访问信息,南京居民对紫金山抱怨最多的是机动车太多,带来的尾气和噪音严重,有的步行道路与机动车同道或太接近,影响行走安全和身体健康。目前紫金山的车流量大,节假日平均每天通 21347 辆标准小汽车,平时平均每天通 18991 辆(仇惠栋 2008),2008 年 10 月 2 日一天进入中山陵园景区的车辆超过 5 万辆(孙波 等 2008)。市民步行较多且车流量大的是天文台路和明陵路,其中天文台路是龙脖子经天文台至山顶的登山线路,周末和假日登山人数多,部分市民不愿与车辆通行而选择"野道"。紫金山车流量太大既不利于紫金山的森林生态保护也不利于市民休闲旅游。因而,紫金山境内应改善交通,禁止机动车进入紫金山,旅游团队车辆和小汽车可停靠在东服务区,原进紫金山的公交车以南服务区或西入口处白马公园旁为终点站,紫金山境内改为专用的环保型旅游公交,单位车辆凭证进入。同时登山道路远离汽车道路。这样有利于减少紫金山境内的汽车流量与尾气及噪音污染,有利于南京市民在紫金山享受到相对清静的森林生态休闲旅游环境。

由于市民外出休闲旅游以家庭为主,登山道路与游览步道应考虑老人和小孩的体力情况,根据地形特点设置平台或架栈道。南北登山道路坡度较大,以台阶为主,坡度较大地方设置平台的距离短,坡度平缓地带设置平台的距离可长一些,每个平台左右两边至少各设置一条休息椅,疏林处以石凳或水泥凳为主,密林处以木条凳为主。登山道路根据地形特点适当设置观景休憩亭,既利于旅游者休息,又便于旅游者观看紫金山风光。游览步道道路材质根据地域特点选择,并可根据周边景观特点设置休憩亭和休息椅,景观丰富的地带休息椅可密集设置,密林处的游览步道以木板路为主,自然观光游憩区的湖滨路以碎石道为主,此区域的休憩亭和休息椅应密集,要便于市民休息。

山南的休闲游乐活动区的旅游活动设施以公众参与的免费运动型设施为主,可规划少量的营利性游乐实施。紫金山境内应避免添建饭店、茶餐厅等大型设施,避免规划烧烤、大型主题乐园等旅游活动设施。紫金山需根据休闲游览线路和旅游者的人数情况设置垃圾桶和厕所等公用设施。

旅游服务区的服务设施规划建设是完善紫金山旅游服务的重要方面,也是维护紫金山森林生态环境的重要一环。根据各服务区功能分配,紫金山东服务区可建大门,设游客服务中心等建筑设施,内建设紫金山境内旅游公交车停车场,以及租赁自行车停放处。外规划建设大型停车场供停旅游团队车辆与私家车,大门外附近建设旅游商品店、餐饮店等商业服务设施。南服务区可建大门,设游客服务中心等建筑设施,内建设紫金山境内旅游公交车停车场,以及租赁自行车停放处,外建设公交车靠处。西入口处设旅游咨询处,内建设紫金山旅游公交车停车场,以及租赁自行车停放处,外建设公交车停靠处。北入口处设旅游咨询处与租赁自行车停放处。

7.2.4.3 旅游解说系统构建

紫金山在旅游者印象中风景名胜区比森林公园印迹更深，时间也更长。因而紫金山在旅游解说系统构建中应加强"森林公园"的印迹，传播森林生态保护的重要性，增强旅游者在紫金山休闲旅游维护森林生态环境的自觉性，间接增强旅游者日常的环境保护行为。

紫金山服务区在传播中山陵园风景区"5A"级景区信息的同时应突出紫金山"国家森林公园"的属性。应在东服务区和南服务区的大门"标识"上显现"紫金山森林公园"的字样，并在西入口处和北入口处以简单的标记显现森林公园的特色或标记"森林公园"字样，通过各种方式传播森林公园建设的必要性，这样能让旅游者进入紫金山时培养一种维护森林生态环境的意识。东服务区和南服务区可用大屏幕等传播紫金山的森林概况，在凸出中山陵和明孝陵等知名人文景观的同时渗透紫金山的森林生态环境，同时充分利用互联网等传播平台，在中山陵园风景区网页制作方面重视紫金山的森林生态维护或制作紫金山国家森林公园的网站，以便更有效传播紫金山的森林生态文化。

紫金山旅游解说系统构建需旅游资源信息库，把地文资源、水文资源、生物资源、人文资源等各景点信息输入信息系统，并在各主要景点休憩亭设置触摸信息平台，便于市民阅览，同时各古树名木应配解说牌，详细说明树种、树龄及相关保护知识。各功能区都应强调资源保护，提醒旅游者在休闲游览时保护各种树木、草坪、动物和水资源等。科普景观游赏区应利用视频多媒体播放相关天文、植物和海洋生物知识，并在周末和假日安排适当的讲座。中山陵、明孝陵等人文景区可利用电子解说，以便旅游者更详实地了解相关历史文化知识。

各景区景点、游览线路等的标示牌应醒目，不仅要指明游览路线及景点、厕所的位置和方向，还要能够标明紫金山旅游公交停靠点、自行车停放点和各点距离。登山线路和游览步道还应标识休憩亭的位置，以便市民更有效安排游览和休息时间，登山道路和休闲游览步道两边应间隔树立植被保护和森林防火的解说牌，提醒旅游者环境保护的重要性。垃圾桶应提醒旅游者主要环境卫生保护，厕所应提醒环保和节约水资源。旅游活动区应说明设施使用与爱护常识，提高旅游者正确的使用方法，维护旅游活动与设施的安全。

7.2.5 紫金山森林公园旅游支持体系构建

紫金山作为城市森林公园，交通十分方便，外围环陵公路、龙蟠路、中山门外大街等可以满足前往休闲旅游的车辆通行。目前通往紫金山东、南、西、北四个入口处及其附件的公交较多，主要集中在南、西、北三个入口处，其中经过南服务区门口的有 13 条公交线路，经过西入口处或附近太平门站的公交线路有 18 条，经过北入口处王家湾站的有 12 条公交线路，这些公交线路有 6 条目前穿过紫金山，三个方向的 43 条公交线路通往玄武、鼓楼、栖霞、建邺、白下、秦淮、雨花台、下关各区，尤以玄武、鼓楼、栖霞、白下四区公交线路多，下关区相对较少，因而从紫金山外部的旅游交通来看，只需增加下关区的公交线路即可。为便利市民休闲旅游，紫金山境内旅游公交在东服务区、南服务区和西入口处设接送点，同时在周末和假日根据旅游人数情况增减班次。

紫金山内部和周边环境问题一直是困扰紫金山生态维护和旅游发展的重要因素。由于各种原因，紫金山景区周边散落着 13 个自然村、9 个居民片区和 31 家工企单位，从 2004 年开始，南京政府开始对紫金山环境进行整治，目前梅花谷、中山门入口公园等部分外围环境整治效果明显，增加了紫金山的绿化和休闲区域，但紫金山内部的餐饮店等商业设施较多，单位较多,影响紫金山旅游规划整体的发展。因而需根据国家森林公园环境保护的要求,逐步取消紫金山内部的餐饮店等商业网点,还原紫金山原生态环境。

为完善紫金山旅游规划,还需严格规定紫金山境内的建筑规模和土地使用,严禁添加饭店等商业建筑,限制单位侵占土地和破坏森林植被。同时应与城市公交系统协商改善紫金山境内的交通车辆通行情况,协商原来通往紫金山的公交终点设置问题,并完善紫金山旅游公交车的刷卡收费系统,制定一些门票优惠和免费政策吸引更多南京普通市民参加旅游等一系列制度保障措施,在保障紫金山森林生态环境的基础上满足南京居民的休闲旅游需求,提高南京居民的休闲生活质量。

7.3 紫金山森林公园"三析五构"旅游规划小结

南京城市发展较快,城市居民生活水平较高,外出休闲旅游愿望强烈。紫金山符合一级森林公园风景资源,综合优势明显,在南京城市旅游区域中具有一定的垄断地位,休闲旅游的市场吸引力强大,是玄武、白下等区部分市民周末或节假日休闲旅游的首选景区。

紫金山旅游规划需保护森林资源的天然价值,完善南京"城中之园"的规划建设,充分满足南京居民的登山健身、森林休憩等休闲旅游需求。主要应完善休闲游览步道的建设,完善紫金山外围景区的休闲规划,同时进行境内交通规划,减少机动车进入紫金山,使紫金山成为南京市民平时、周末和假日的重要生态休闲场所,在维护紫金山的生态环境基础上为构建南京城市的社会可持续发展服务。紫金山旅游规划的重点是造就人与自然和谐的市民休闲环境,难点是环境整治规划与严防城市化建设。

第 8 章　实证研究二:南京牛首山森林公园 "三析五构"旅游规划

8.1　牛首山森林公园旅游环境、资源与市场"三维一体"分析

8.1.1　牛首山森林公园旅游环境分析

第 7.1.1 节已阐述南京城市概况和南京城市旅游发展情况,这里只阐述牛首山森林公园旅游区位情况。

牛首山省级森林公园位于南京市南郊江宁区境内,与雨花台区接壤(图 8-1),由牛首山、祖堂山等诸多大小山组成,总面积 667 hm²。牛首山森林气氛浓郁、森林覆盖率较高,山上森林面积占 92%。牛首山具有丰富的自然资源和历史人文资源,自古至今是享有盛名的旅游胜地,金陵四十八景"牛首烟岚"即在此,景区内有牛首山古塔、南唐二陵、郑和墓、摩崖石刻等人文景观。在 2004 年南京市规划局进行的"南京城市空间特色"调查中,牛首山在特色山体中排

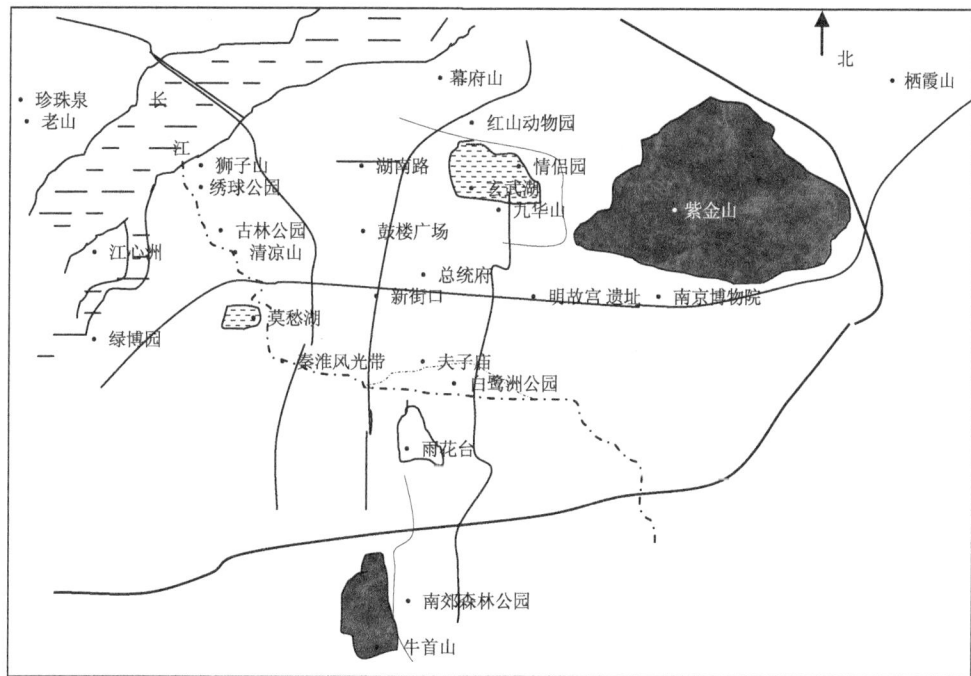

图 8-1　牛首山森林公园区位示意图

名第三位(图 7-2)。牛首山森林公园目前只有牛首山古塔(弘觉寺)、南唐二陵、郑和墓三个收费景点,森林公园其他区域基本没有旅游开发。

　　从资源情况来看,牛首山周边主要有南郊森林公园、雨花台等游憩中心地。结合南京城郊主要游憩中心地的资源属性与级别(表 7-3),牛首山在森林公园游憩地中比较优势不明显,但与主城区其他游憩地相比,具有一定的森林资源比较优势。牛首山森林公园属于南京南郊游憩中心地,距离中华门 10 km,其一级客源市场主要是周边雨花台区、秦淮区、建邺区等城市居民,其他各区可成为牛首山的二级客源市场。牛首山目前通往主城区的公交主要有 155、宁谷线两条线路,并且只穿过雨花台区,对其他区居民前往旅游带来很大不便,乘公交车只能转车。牛首山周边道路主要宁丹公路、绕越高速公路等交通道路,对自驾车前往旅游的市民有一定的吸引力。

8.1.2　牛首山森林公园旅游资源分析

8.1.2.1　牛首山森林公园旅游资源集合区分析

　　牛首山森林公园地文资源、水文资源、生物资源、人文资源和天象资源等旅游资源丰厚,尤以其中的生物资源和人文资源种类多,级别高。地文资源主要有牛首山与祖堂山等山岳景观;水文资源主要是隐龙湖水库;生物旅游资源主要体现在森林景观、古树名木和昆虫等方面,森林景观各具特色,主要有松林、杉木林、竹林、次生阔叶林、经济林、特用林六大片,古树名木数量众多,有树龄 600 年以上的古银杏和江苏省罕见的古女贞等,昆虫以中华虎凤蝶著名,这种我国珍稀的野生蝴蝶品种首先在牛首山森林公园发现;人文资源以弘觉寺塔、南唐二陵、郑和墓等文物保护单位为主。牛首山森林公园的这些旅游资源主要分布在牛首山和祖堂山地区(表 8-1)。

表 8-1　牛首山旅游资源概况

资源类别		主要资源(分布概况)
地文资源	山岳	牛首山、祖堂山、东天幕岭、西天幕岭、隐龙山、象山、狮子山、塔园山
	地质构造	宁芜断陷带火山岩溢地、凝灰岩、凝灰角矿岩、安山岩、粗面岩
	洞穴	文殊洞、僻支洞(牛首山);祖师洞、伏虎洞、神蛇洞、象鼻洞、撑腰洞(祖堂山)
水文资源	湖泊	隐龙湖水库等(牛首山与祖堂山之间)
	泉池	地汉泉、太白泉、太子饮马池等(牛首山)
生物资源	森林景观	由马尾松、国外松构成的松林 182.7 hm²;杉木林 155.76 hm²;竹林 246.64 hm²;化香、枫香、檫木、麻栎等此生阔叶林 202 hm²;茶树等经济林 14.7 hm²;及银杏纪念林 5 hm² 和松林、杉、阔叶林混交的纪念林 45.5 hm² 等特用林;络石、爬山虎、紫藤、野蔷薇等藤本植物
	古树名木	古银杏、古女贞、紫薇、金桂、瓜子黄杨等(主要集中在祖堂山幽栖寺遗址一带)
	野生动物	山雀、斑鸠、八哥、杜鹃等鸟类;獐、野兔、刺猬等哺乳动物;蜥蜴、壁虎、蛇等爬行动物
	昆虫	螳螂、蟋蟀、萤火虫、磕头虫等昆虫类,有国家二级保护动物——中华虎凤蝶

资源类别		主要资源（分布概况）
人文资源	文物古迹	南京现存最完整的砖制仿木结构古塔——弘觉寺塔，高 25 m，7 级 8 面，为省级省文物保护单位（牛首山东南）；抗金故垒，长 400 m，宽 0.5 m，高 1.5 m（牛首山东北麓）；摩崖石刻，有雕刻 129 尊，其中释迦牟尼佛祖像高 1.7 m（牛首山东峰）
	古墓	南唐二陵，属国家级文物保护单位（祖堂山南麓的太子墩）；郑和墓，属省级文物保护单位（牛首山南麓）
	宗教遗址	幽栖寺遗址，南宗第一祖师法融禅师修身之地（祖堂山）
	风物	天阙茶（牛首山）、乌饭
天象资源	光现象	日出、日落
	气候	亚热带中部季风气候、四季分明、阳光充足、年平均气温 15.5℃

注：资料来源于江苏省林业局江苏省林业技术推广总站。

8.1.2.2 牛首山森林公园旅游资源质量评价

牛首山森林公园自然旅游资源丰富奇特，构成了优美的森林生态环境，其人文资源历史底蕴丰厚。牛首山怪石嶙峋、峰峦起伏、双峰突出，东西相对恰是牛头奇特的山势，自古以来为人们所敬慕。自然景色极佳，松柏苍翠、秀竹挺拔、山泉清冽，阳春三月，茂林修竹，桃花争艳；黄昏时分，暮色苍茫，云蒸霞蔚。清代金陵四十八景"牛首烟岚"、"祖堂振锡"、"献花清兴"三景都寓此山中。牛首山是野生动物的栖息场地，古树名木保存完好，生态环境优美，优美的森林生态环境令旅游者流连忘返。牛首山人文资源历史久远，曾经是佛教圣地，为"牛头宗"的发源地。从南朝梁武帝天监二年（公元 503 年）建弘觉寺至明代，建寺千间，远近钟声阵阵，紫烟缭绕。"南朝四百八十寺，多少楼台烟雨中"正是其真实写照。建于唐大历九年（公元 774 年）的弘觉寺塔故称唐塔，号称"金陵第一塔"。南唐二陵是南唐先主李昪和中主李璟的钦、顺二陵，为国家级文物保护单位。南唐二陵、郑和墓、幽栖寺遗迹、摩崖石刻、岳飞抗金故垒等遗址遗迹丰富了牛首山的历史内涵。

牛首山森林公园丰富奇特的自然旅游资源、优美的森林生态环境及历史底蕴丰厚的人文资源不仅使其获得较好的定性评价，而且定量评价价值也较高。借鉴国家标准 GB/T 18972—2003——《旅游资源分类、调查与评价》的评价因子和赋分方法，考虑到旅游者的审美体验需求和游憩需求，并结合牛首山在南京的历史地位，可从欣赏价值、游憩价值和历史价值三个评价因子评价牛首山森林公园的旅游资源，并按欣赏价值、游憩价值和历史价值分别占 50%、20%、30%的权重，以总分 100 分计算，每一项旅游资源定量评价分为三者之和，并根据分值结果对每一项旅游资源进行归类等级。据此可发现牛首山属于Ⅰ级旅游资源；祖堂山属Ⅱ级旅游资源；在人文旅游资源中，南唐二陵属于Ⅰ级旅游资源，郑和墓也属于Ⅰ级旅游资源，弘觉寺塔院和摩崖石刻属于Ⅱ级旅游资源，而抗金故垒和幽栖寺遗址属于Ⅲ级旅游资源（表 8-2）。

表 8-2　牛首山森林公园旅游资源质量评价

景观资源	属性	欣赏价值 50％	游憩价值 20％	历史价值 30％	得分	等级
牛首山	自然	34	16	20.4	70.4	Ⅰ
郑和墓	人文	36.5	14.6	23.4	74.5	Ⅰ
弘觉寺塔院	人文	31.5	12.6	15.2	60.3	Ⅱ
摩崖石刻	人文	33	13.2	16.8	63	Ⅱ
抗金故垒	人文	27	10.8	18	55.8	Ⅲ
祖堂山	自然	29.5	13.2	18.6	61.3	Ⅱ
南唐二陵	人文	39	15.6	24.6	79.2	Ⅰ
幽栖寺遗址	人文	19	7.6	16.2	42.8	Ⅲ

注：①景观资源分四等级，70～100，Ⅰ级；60～69，Ⅱ级；40～59，Ⅲ级；0～40，Ⅳ等级；
　　②资料来源于南京市 2003 年批准规划成果展。

8.1.2.3　牛首山森林公园旅游资源容量评价

为保护牛首山森林公园旅游资源、维护森林生态平衡，取其占地面积的 60％即 400.2 hm² 作为森林公园的可游览面积，考虑森林公园以森林生态观光为主体，根据目前牛首山的接待情况和区位特点，确定游览空间标准为 1000 m²/人，依据南京居民外出休闲的时间 59.5％是半天的特点，除去路途时间，每人在景区待的时间平均为 2 小时，结合牛首山森林公园的资源特点和面积，设每人的停留时间是 2.5 小时，按每天可游览时间是 10 小时计算，则根据面积法公式：

$$S = \frac{A}{A_0} \times \frac{T}{T_0} \tag{8.1}$$

式中：S 为旅游容量，A 为景点可游览面积，A_0 为每人最低空间标准，T 为每日开放时间，T_0 为单人游览时间。

可知，牛首山森林公园旅游资源的合理容量每天是 $S=(400.2 \times 10000/1000) \times (10/2.5)$ $=16008$ 人。由于牛首山气候适宜，全年的旅游适游期大于 240 天，现设可游览天数为 250 天，则牛首山森林公园每年的旅游资源的合理容量 $G_年=16008$（人）$\times 250=400.2$ 万人。

8.1.2.4　牛首山森林公园南京居民休闲旅游的资源经济价值评价

"南京居民休闲旅游情况调查"获得的 247 份有效问卷涉及有关牛首山森林公园的旅游意愿。2008 年 6—10 月部分周末和工作日在牛首山森林公园境内的宁丹路入口处、隐龙湖水库附近、弘觉寺塔院及外广场、摩崖石刻、南唐二陵、郑和墓等地所获得"牛首山森林公园休闲旅游情况调查"（见附录）问卷 86 份，有效问卷 79 份，其中被调查者居住地为主城八区的有效问卷 72 份，问卷有效率为 91.1％。"南京居民休闲旅游情况调查"和"牛首山森林公园休闲旅游情况调查"共获得有关牛首山森林公园有效问卷 319 份，有关南京居民至牛首山休闲旅游的支付意愿结果如表 8-3 所示。

表 8-3　南京居民至牛首山休闲旅游的支付意愿

选项	10 元以下	10～20 元	20～50 元	50～100 元	100 元以上
份数	109	90	81	39	0
比例%	34.2	28.2	25.4	12.2	0

结果显示,南京居民至牛首山休闲旅游的支付意愿中 20 元以下的占 62.4%,而 100 元以上的没有。选取每个选项的中位数为平均数,可得南京居民的平均支付意愿为 24 元。如按牛首山的极限年旅游资源容量 400.2 万人次计算,可知,牛首山森林公园由南京居民休闲旅游带来的资源经济价值每年为 9604.8 万元。

8.1.2.5　**牛首山森林公园旅游资源比较优势分析**

据上分析,在牛首山森林公园境内,从资源类别来看,山岳资源优势明显,森林景观和古树名木品种较多,并且古树名木集中,资源优势明显,昆虫类中中华虎凤蝶具有一定的优势。文物古迹和古墓资源质量价值高,具有一定的比较优势。自然资源方面牛首山部分比祖堂山部分资源质量价值高,更具有比较优势。人文资源中郑和墓和南唐二陵资源优势明显。这些具有比较优势的旅游资源可优先规划开发。

牛首山森林公园的旅游资源与南京城区游憩中心地相比,公园面积和森林绿化率具有一定的比较优势,地形地貌优势明显,具有中华虎凤蝶带来的生态环境优势,人文资源中南唐二陵优势明显。牛首山森林公园比其他城市郊区游憩中心地的区位优势明显,人文资源具有明显的比较优势。

8.1.3　牛首山森林公园休闲旅游市场分析

南京城郊休闲旅游产品和南京居民休闲旅游情况前文已分析(见第 7.1.3 节),此部分进行南京居民对牛首山森林公园的旅游感知情况分析。

牛首山成为省级森林公园时间较长,但部分南京居民对牛首山是否属于省级森林公园还不了解。"南京居民休闲旅游情况调查"和"牛首山森林公园休闲旅游情况调查"收集的 319 份有效问卷中认为牛首山是森林公园占 24.5%,而认为是省级森林公园的占 21.6%。可见,南京市民对牛首山"森林公园"的身份还未了解。南京居民愿意到牛首山休闲旅游的主要因素是"自然景观优美",有 213 人选择,占问卷总数的 66.8%,而其他选择因素比例在 10%左右(图8-2)。同时根据牛首山三个收费点提供的数据,弘觉寺塔院每年参观人数 10 万左右人次、郑和墓和南唐二陵每年各约 3 万人次,由于牛首山森林公园自然景区免费开放,人次数比三个点"多出很多",牛首山实际旅游人次数有十几万,主要集中在春夏两季。

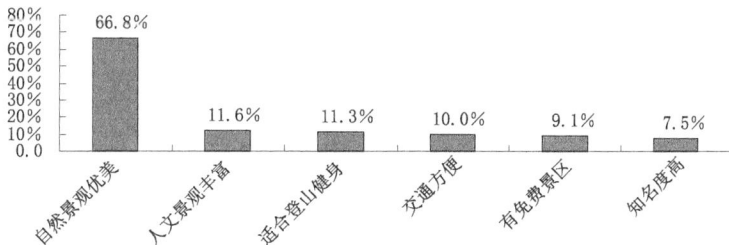

图 8-2　南京居民选择牛首山休闲旅游的主要因素

  根据"牛首山森林公园休闲旅游情况调查"收集的 72 份有效问卷,南京旅游者对牛首山的自然景观还是比较满意的,12.5%的被调查者认为"非常好"、50%的被调查者认为"比较好"。对道路情况的评价集中于"比较满意"和"一般"。对生态保护旅游感知情况较好,"较差"的评价只占总数的 5.6%,并且没有"非常差"评价者。对环境卫生的评价集中在"比较好"和"一般",两者比例之和为 75%。但南京居民对牛首山旅游规划"对市民意见"和"为市民服务"两项评价不高,20.8%的被调查者认为"较不重视"市民意见,23.6%的被调查者认为牛首山旅游规划为市民服务方面"较差",并有 5.6%的人认为"非常差"(表 8-4)。由于牛首山目前还没有完整旅游规划开发,自然山体基本上处于一种"原始"状态,这些被调查者认为,牛首山主要应重视"休闲设施"、"增加厕所"、"景区应免费"等方面的旅游规划(图 8-3)。

表 8-4 南京旅游者对牛首山自然景观等的旅游感知

项目	选择项				
自然景观	非常好 12.5%	比较好 50.0%	一般 30.6%	较差 5.6%	非常差 1.4%
道路情况	很满意 2.8%	比较满意 33.3%	一般 36.1%	较不满意 19.4%	很不满意 8.3%
生态保护	非常好 18.1%	比较好 52.8%	一般 23.6%	较差 5.6%	非常差 0.0%
环境卫生	非常好 8.3%	比较好 36.1%	一般 38.9%	较差 12.5%	非常差 4.2%
对市民意见	非常重视 4.2%	比较重视 27.8%	一般 43.1%	较不重视 20.8%	很不重视 4.2%
为市民服务	非常好 2.8%	比较好 22.2%	一般 45.8%	较差 23.6%	非常差 5.6%

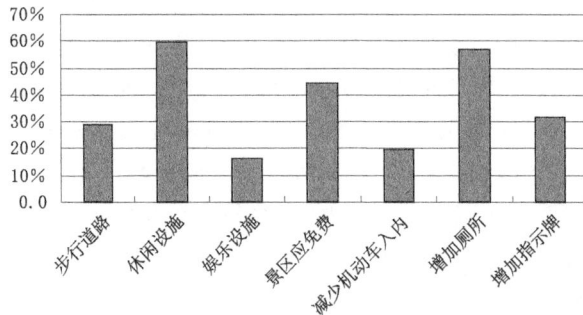

图 8-3 南京旅游者认为牛首山旅游规划需重视的方面

8.1.4 牛首山森林公园发展休闲旅游的 SWOT 分析

  根据上述分析,牛首山森林公园自然资源旅游吸引力较大,具有比较奇特的山岳形态、优美的森林景观和珍稀的动物资源,并且离南京主城区较近,能够吸引雨花台区、秦淮区、建邺区等南京主城区居民前来休闲旅游。但其林相单一，水体资源相对缺乏，目前由于还没有整体规划开发，森林公园的知名度还不高，休闲设施、厕所等休闲旅游设施和旅游接待服务设施还相对缺乏，旅游交通条件较差，难以很好满足南京市民的休闲旅游需求。需加强旅游产品系列规划和休闲旅游设施规划，增强市场吸引力。随着南京居民休闲旅游对自然青睐的增强，以及南京地铁的开通等旅游交通的改善，牛首山森林公园会迎来较好的发展机遇，但雨花台景区的免费开放、南郊森林公园的旅游发展、南京主城区旅游市场的完善，以及南京城郊其他游憩中心地的旅游规划开发也会给牛首山旅游发展带来一些挑战。

8.2 牛首山森林公园旅游规划"五位一体"系统构建

8.2.1 牛首山森林公园旅游规划理念体系构建

牛首山旅游规划应积极保护目前相对原始的森林生态环境，保护优美的森林景观和祖堂山幽栖寺遗址一带的古银杏、古女贞、紫薇等古树名木，保护中华虎凤蝶所依赖的生存环境，积极营造多种复层结构植物群落，保证多种生态过程的整体性和连续性，促进生物多样性的提高。在有效保护自然风景、文化资源和不破坏原有自然风貌结构的前提下进行生态旅游规划与开发建设，避免大量建设大规模水泥建筑，杜绝在森林公园境内规划建设饭店、山庄、别墅等商业建筑，森林公园内旅游规划应尊重自然生长发展规律，保障自然和人类休闲生活的和谐统一。

8.2.2 牛首山森林公园旅游规划目标体系构建

牛首山应满足南京居民周末与节假日休闲旅游需求，重点满足雨花台、建邺、秦淮等区等居民和南京高校学生的休闲旅游需求及中学的科普教育需求，同时满足江宁区居民及南京周边地区来宁的观光旅游者需求。规划科普教育区等向旅游者传播动植物及花卉知识，同时应规划开发森林观光、科普教育、登山健身等森林生态旅游产品，造就良好的旅游环境，让旅游者体验与大自然融为一体的感知。

8.2.3 牛首山森林公园旅游功能区划体系构建

牛首山森林公园在保护古树名木、保护松林、杉木林、竹林、阔叶林等景观资源，保护野生动物生存生长环境的基础上，可根据人文资源与自然资源的分布情况，规划综合观光区、森林游憩区、佛教文化区、林木保护区、森林活动区、科普教育区等旅游功能区，同时规划东服务区、西南服务区、东南入口处和西入口处等旅游服务区域(图 8-4)。

综合观光区位于牛首山森林公园的北部，主体是牛首山东西双阙的全面山体，此区域含有牛首山山岳资源和大部分森林景观，集中了弘觉寺塔、抗金故垒、摩崖石刻等文物古迹，包含了南唐二陵、郑和墓等古墓，文化底蕴丰厚，主要是开展森林观光和人文观光游览活动，是牛首山旅游观光的主要区域。森林游憩区地处牛首山和祖堂山二山之间，主要包含隐龙湖水库及其周边的山体，该区域包含森林公园内最主要的水文资源，区间受外界干扰较少，主要开展森林观光、休憩静养、林间漫步等休闲活动。佛教文化区位于森林公园的西南方，处于祖堂山境内，含有幽栖寺遗址，是佛教"牛首宗"的发祥地，此区域可重建幽栖寺，围绕佛教文化进行规划开

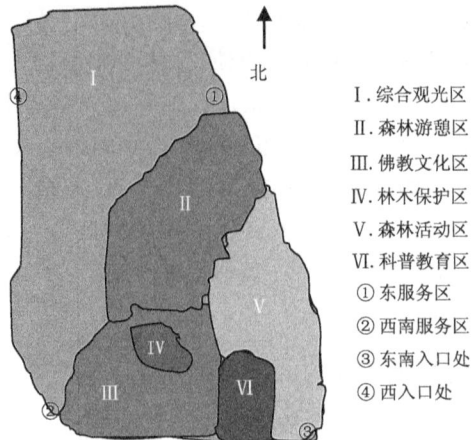

图 8-4 牛首山森林公园旅游功能区划示意图

发。林木保护区位于佛教文化区功能区之内的幽栖寺遗址一带,该区域苍松翠柏、茂林修竹,是整个森林公园中植被最好的地段,集中了古银杏、古女贞、紫薇、金桂等古树名木,此区域应作为核心景观包含区,重点包含这些古树名木等森林景观。森林活动区位于森林公园的东南方,此处缺乏人文资源,用地开阔,旅游规划限制较少,并且由于铁矿的多年开采,留下了十分丰富的地形地貌,此区域作为休闲游乐活动区域。科普教育区位于森林活动区西南部,此区域含有纪念林森林景观,并且可依托临近的省林科院的苗圃、花房温室等设备和科技优势开展林业科普教育。

东服务区位于综合观光区和森林游憩区交接处的宁丹公路旁,规划为牛首山森林公园的旅游服务中心,含管理、售票、旅游咨询、公园交通组织、旅游者集散、停车、商业服务等功能。西南服务区位于佛教文化区西南脚与综合观光区交接处,规划为牛首山森林公园的次服务区,主要有停车、售票、旅游咨询、商业服务等功能。东南入口处位于森林活动区的东南脚,主要规划旅游咨询、游乐活动管理、售票、停车等功能。西入口处位于牛首路进入公园处,设旅游咨询等功能。

8.2.4 牛首山森林公园休闲旅游产品体系构建

8.2.4.1 休闲旅游产品系列规划

由于牛首山森林公园植被大多以人工林为主,林相较为单一。因而牛首山森林公园休闲旅游产品可在以资源依赖型为主体的基础上,规划一些资源利用型、资源改造型或资源创新型旅游产品。

综合观光区休闲旅游产品以资源依赖型为主,不宜过度开发。可利用弘觉寺塔、抗金故垒、摩崖石刻、南唐二陵、郑和墓等人文资源,开展人文观光活动。由于此区域的阔叶林丰富,绝大多数是经封山育林后成长起来的次生阔叶林,能较多地释放氧气,能招来昆虫和鸟类栖息,生态环境优良。此区域森林景观季相分明,春季繁花似锦、生机盎然,夏季浓荫遮蔽、蝉噪鸟鸣,秋季红叶满山,冬季金叶铺地,其主要景观是"牛首烟岚",适宜开展森林观光、登山健身、山地观光、动物欣赏特别是蝴蝶欣赏等休闲旅游活动。

森林游憩区可利用隐龙湖水库周边的森林资源开展游憩活动。隐龙湖的南侧山林植被生长旺盛,不仅有连片的竹林,还有大片常绿、落叶混交林,含各式松杉类、山槐、枫树、樟树等保健树种,这些林区可开展林间漫步、休憩静养等休闲活动。隐龙湖北侧坡地平缓、竹林雅致且背风向阳,林区环境静谧安详,适宜休憩静养。该功能区同时可利用隐龙湖水库开展少量游船、垂钓、及湖滨休憩活动。

佛教文化区可围绕佛教文化开展旅游产品,如一般的烧香、拜佛等活动。林木保护区只允许旅游者外围观赏,不可背依古树拍照、攀爬、放吊床等休闲活动。森林活动区可开展林间漫步、骑马游览、攀岩等休闲旅游活动,让旅游者特别是青少年旅游者在接受科普教育之余感受大自然活动的乐趣。科普教育区可开展根据纪念林的树种、苗圃、花房温室等开展植被观光活动,让旅游者了解各种植被的形态、成长过程等相关知识。规划一些科普讲座、科普视频播放等生态知识传播活动,也可进行植树、植被标本采摘等参与性活动,让青少年旅游者了解相关生态知识和培养生态保护责任。

8.2.4.2　休闲旅游设施规划

根据牛首山森林公园休闲旅游市场分析,南京居民选择牛首山主要在乎的是其森林生态环境。因而牛首山森林公园旅游规划应根据市民需求,重点规划休憩亭椅、增加厕所、增设步行道路等休闲设施和与旅游服务设施。

综合观光区郑和墓、弘觉寺塔、南唐二陵等主要人文资源之间由于距离较远,应通水泥路或沥青路,供环保车通行,并且道路两边应建人行道,供步行者行走。弘觉寺塔院和抗金故垒、摩崖石刻之间应建石板路,供旅游者步行游览,并在摩崖石刻平台旁建休闲椅,便于旅游者休息与观光。弘觉寺塔下广场地势较高,可观览牛首山东南大部分森林景观光,可建旅游者休憩长廊。弘觉寺塔院广场可建通往东西双阙的登山步道,并在山顶修建简单的平台和护栏,供游者远眺长江和观览牛首山全貌。森林游憩区是旅游者集中休憩之地,可密集规划石子路游览步道,在隐龙湖南侧常绿、落叶混交林区规划建设网状休闲步行小径,并根据在小径两边稍宽地带建休憩木椅。在隐龙湖湖滨及其北侧同样应建游览步道,同时在隐龙湖湖滨可建两三个方亭,供旅游者观光休憩使用。佛教文化区需重建幽栖寺,并配套规划建设一些佛教礼仪设施,根据此区域老年游客可能较多的特点,可建一个休息室,建设一些休息椅等休憩设施。林木保护区需在古树名木的四周建栅栏以保护这些珍贵的林木资源。只允许旅游者在外围观赏,不可背依古树拍照、攀爬、放吊床等休闲活动。森林活动区可规划建一些游乐设施,但不应占用太多的土地资源,并且以休闲运动型设施为主。科普教育区配套一些温室、满足科普讲座的椅子等实施。整个森林公园都应根据游览线路和旅游者数量规划建设厕所,放置垃圾桶等服务设施。

旅游服务设施主要集中在东服务区和西南服务区位。东服务区规划作为牛首山森林公园旅游服务中心,可规划建设森林公园标志性大门,考虑到牛首山森林公园的认知率较低,应以"牛首山森林公园"作为公园名称。大门两边设管理、售票、旅游咨询服务窗口,大门外围设大型停车场,规划建设餐饮中心、商品部、租借部等服务设施。西南服务区设售票处、停车处、商品部、餐饮处等服务设施。东南入口处设游乐观览处、售票处、停车处等设施,而西入口处设旅游咨询服务设施即可。

8.2.4.3　旅游解说系统构建

牛首山森林公园旅游解说系统应重点增设游览指示标识,传播地文资源、生物资源、文化资源等文化知识,引导旅游者保护森林生态环境。

各服务区和各主要游览线路的观景点都应竖立森林公园全部主要景点的指示图牌,指示图牌的大小应根据挂靠的高度和本地的旅游者数量而定。东服务区外围应竖立高大的全景图牌，同时也应通过视频等现代多媒体方式播放全景视频，在吸引旅游者视觉的同时给予旅游者森林公园资源的概况解说。各景点都应给有介绍本景点的解说词，人文景点说明其历史渊源及历史地位等知识，自然游览点主要应说明森林资源的品种、特点等知识，森林游憩区应说明林区树木的保健效用，林区负离子含量等保健信息，而林木保护区重点应说明各林木的珍稀程度和保护措施。科普教育区需详实解说各种林木、盆景、花卉等的基本知识，并说明其环保效用，并通过科普讲座、视频播放的方式传播森林生态知识，培养旅游者认知自然及保护自然的意识。森林公园应通过放置垃圾桶并提示旅游者注意环境保护，同时提醒旅游者保护森林公园的设备设施，特别是森林活动区应说明游乐活动设施的使用方法，以保护好游乐设施。

8.2.5　牛首山森林公园旅游支持体系构建

牛首山森林公园地处南京城市郊区，目前通往南京主城区的主要公路较通畅，但宁丹公路的江宁区和雨花台区交界处道路，道路破坏厉害，下雨天坑洼处积泥水严重，严重影响车辆通行和人员行走。并且通往主城区的公交线路太少，南京主城区居民前往休闲旅游很不方便。因而应完善宁丹公路的建设，同时增加牛首山通往南京雨花台区、建邺区、秦淮区等一些社区的公交线路。

森林公园内部特别是目前道路两边的植被景观审美价值不高，另外，森林公园内部由于原作为采矿场留下了不少采矿点、采矿坑，对森林整体景观影响较大。由于牛首山森林公园所在区域经济相对滞后，森林公园周边泉庄、赤脚村等村庄环境脏乱情况严重，同时森林公园用地范围与周边的村庄、单位等交错在一起，并且一些违章建筑侵占公园土地，影响森林公园外围整体景观吸引力。因而牛首山森林公园旅游规划应整治内部环境，增加绿化规划，尽快形成优美的生态环境，同时适当改造原采矿点、坑，或通过绿化改观视觉印象。外围环境整治需与相关政府部门协调，理顺森林公园与周边村庄及单位的关系。

要使旅游交通和环境整治取得成效，都需得到政府相关部门的支持和帮助。同时牛首山森林公园水、电等基础资源还未接通，发展旅游还需政府相关部门协助解决水、电等基础设施建设，解决给水和排水问题，保障森林公园电力、电讯的通顺。

8.3　牛首山森林公园"三析五构"旅游规划小结

牛首山森林公园与南京城区游憩中心地相比，森林绿化率与自然资源具有一定的比较优势，人文资源中南唐二陵优势明显。牛首山森林公园比其他城市郊区游憩中心地的区位优势明显，人文资源具有明显的比较优势。但通往雨花台、秦淮等区的交通不便，南京居民对牛首山的认知度不高，休闲旅游市场吸引力优势不明显。

牛首山森林公园的旅游规划应重点区划旅游景区，增加游览道路、休闲游览步道，增加休憩亭椅等休闲设施，增加厕所、垃圾桶、旅游商店、停车场、旅游咨询等旅游服务设施，构建游览路线、指示牌等旅游解说系统，满足南京居民的游览观光与森林休憩需求，同时应增加牛首山通往南京主城区的公交线路、进行森林公园内外环境整治、增加水电等基础设施建设等旅游支持体系规划，更好地为南京居民休闲旅游服务。

第 9 章　结论与讨论

9.1　主要研究结论

（1）城郊森林公园休闲旅游发展是森林生态环境、城市旅游发展、城市居民休闲消费成本约束和旅游市场发展规律等因素驱动结果。城郊森林公园自然资源和森林生态环境比较优势迎合城市居民的外出休闲旅游需求，城市居民至城郊森林公园的旅游流的形成也是城市旅游发展的"核心—边缘"理论效应的结果，同时城郊森林公园的区位优势是重要吸引力，市民外出休闲旅游的休闲成本因素约束是城市居民选择城郊旅游的重要原因，在环城游憩带发展过程中形成的旅游市场效应加速了城郊森林公园休闲旅游发展。

（2）城郊森林公园旅游规划应确定其旅游资源与市场影响的范围，从城郊森林公园休闲旅游驱动机制来看，城郊森林公园休闲旅游应是城郊旅游的一种游憩中心地，其旅游区域应定位为城市市区和城市郊区所形成的城市旅游区域。

（3）城郊森林公园旅游规划主要应满足本地城市居民休闲需求。在现代城市休闲时代，城郊森林公园旅游规划应是满足城市居民休闲需求及提高城市居民休闲生活质量的重要体现，也是城市社会可持续发展的必然要求。从城郊森林公园旅游市场来看，城郊森林公园满足城市居民休闲旅游需求也具有其旅游可持续发展的可能性和必要性。

（4）城郊森林公园旅游规划应以社会效益为主导。改革开放后经济效益主导的森林公园旅游规划问题突出，森林生态资源频遭破坏，森林公园的社会服务功能发挥不足，同时当今中国城市社会发展阶段进入全面建设小康社会的和谐社会建设时期，城市居民的休闲需求强烈，城郊森林公园在满足城市居民休闲需求方面具有重要作用。城郊森林公园旅游规划需从社会可持续发展战略视角权衡其所追求的经济效益、生态效益和社会效益的关系，并以社会效益为主导，在维护生态效益、符合社会效益的基础上最后考虑旅游经济效益。

（5）城郊森林公园旅游规划应遵循社会发展导向旅游规划。旅游规划导向是指导旅游景区规划的重要因素，也是改革开放以来中国旅游研究的重要领域。城郊森林公园旅游规划应重点发挥社会服务功能，为城市居民的休闲生活服务，履行促进生态可持续发展和社会可持续发展的社会责任。城郊森林公园旅游规划需在满足城市居民休闲旅游的同时，维护生态环境的平衡，传播森林生态文化，提高市民的生态意识，最终达到城市旅游可持续发展、人与自然和谐发展、改善市民休闲生活环境、提高市民生活质量的社会和谐发展愿景。

（6）城郊森林公园旅游规划可采取"三析五构"旅游规划模式。为秉持社会效益主导型旅游规划，遵循旅游规划的社会发展导向，城郊森林公园需强调系统规划，可采取"三析五构"旅游规划模式，分析城郊森林公园旅游环境、旅游资源和休闲旅游市场，根据分析结果进行旅游规划理念体系、旅游规划目标体系、旅游功能区划体系、休闲旅游产品体系和旅游支持体系构建。主要应分析城郊森林公园旅游环境概况,详实进行城郊森林公园的旅游资源集合区、旅游资源质量等旅游资源分析,客观分析城郊休闲旅游产品、城市居民的休闲旅游情况、城市居民对城郊森林公园的旅游感知等休闲旅游市场。并根据旅游资源和市场分析结果构建森林生态保护等规划理念,构建旅游规划的目标体系,合理区划核心景观保护区域、休闲旅游区域、旅游服务区等旅游功能区,根据旅游规划理念和旅游规划目标构建城郊森林公园的休闲旅游产品体系,安排布局适宜的休憩亭椅等休闲旅游设施,构建旅游指示牌等旅游解说系统,最后根据森林公园现实条件和规划要求构建旅游交通,进行公园内外的环境整治,构建旅游制度保障体系等。城郊森林公园"三维一体"分析系统和"五位一体"构建系统应紧密结合,共同完成城郊森林公园的旅游规划愿景。

(7)南京紫金山森林公园作为城市市区森林公园的典范,其未来中长期规划可参照"三析五构"旅游规划模式。旅游环境分析应重点分析城市旅游发展状况,分析紫金山在城区各景点的比较优势。旅游资源分析重点应分析其资源质量。旅游市场分析应重点调查南京居民的休闲旅游情况和市民对紫金山目前休闲旅游的感知情况。紫金山旅游规划需依据资源特点严格贯彻旅游规划理念,重点应防止规划建设过程中的城市化倾向,防止商业化设施侵占森林资源。应充分满足南京居民的登山健身、森林休憩等休闲旅游需求,重点完善紫金山外围景区的休闲规划,完善休闲游览步道的建设,同时进行境内交通规划,减少机动车进入紫金山。如果同时能减少商业化运作,加强旅游资源与休闲设施等方面的解说,规划目标基本能实现。但由于紫金山几乎与城市融为一体,饭店及相关单位等设施较复杂,环境整治难度大。

(8)作为南京城市郊区的省级森林公园,牛首山森林公园可基本按照"三析五构"旅游规划模式进行旅游规划。但其旅游环境分析主要应放在城市郊区景区景点内寻找旅游区位比较优势,其客源区域应以周边的雨花区、秦淮区、建邺区及江宁区为主体。由于林相单一,旅游吸引力不大,牛首山旅游规划近期重点应进行休闲旅游设施规划和旅游支持系统构建。规划休闲游览步道、增加休憩亭椅等休闲设施,增加厕所、垃圾桶、旅游商店、停车场、旅游咨询等旅游服务设施,同时应增加牛首山通往南京主城区的公交线路,改善水、电、路等基础设施。远期规划重点是完善休闲旅游产品规划,充分满足城市居民的休闲需求,实现"天人合一"的和谐环境目标。

(9)城郊森林公园"三析五构"旅游规划模式在实践中是基本可行的。该规划模式依据旅游环境确定旅游资源与旅游市场分析的比较范围,能切实找到规划景区的资源与市场优势,给系统构建提供清晰的思路。通过确立旅游规划理念体系和目标体系能给旅游功能区划和休闲旅游产品体系规划提供明确的方向,同时旅游支持体系构建也能有明确目的。但该规划模式应根据市区森林公园与郊区森林公园的客源主体差别确定客源分析重点,同时应区分刚开发景与旅游已发展一定时间的景区规划重点。从紫金山与牛首山两案例来看,紫金山重点是塑造人与自然和谐的休闲环境,旅游规划目标容易实现,而牛首山旅游规划目标近期难以实现,近期重点是初步的休闲旅游产品体系构建,远期规划才能完善休闲旅游产品,实现旅游规划目标。案例研究也发现,市区森林公园与城市联系紧密,市民休闲需求量大,商业机会多,贯彻非城市化建设理念与环境整治规划是难点,而郊区森林公园旅游交通规划相对较难,需城市各方积极支持。

9.2　主要创新点

（1）提出了城郊森林公园旅游规划定位。本书根据城郊森林公园休闲旅游驱动机制，提出了城郊森林公园的区域定位与客源市场定位，并结合旅游规划模式导向的演进及其问题，同时依据森林公园的战略使命和中国城市社会发展阶段提出了城郊森林公园的规划效益与规划导向定位。

（2）创建了城郊森林公园旅游规划的效益评价体系。指出城郊森林公园旅游规划应权衡旅游发展的经济效益、生态效益和社会效益，在旅游规划过程中以社会效益为主导，在效益评价方面应弱化经济效益，注重生态效益，强化社会效益，并依此创建了城郊森林公园旅游规划经济效益、生态效益和社会效益评价的标准、指标、权重与评价方法。

（3）提出了城郊森林公园社会发展导向旅游规划愿景。提出城郊森林公园旅游规划遵循社会发展导向的直接愿景、间接愿景和最终愿景，指出城郊森林公园旅游规划在满足城市居民休闲旅游的同时应维护森林生态环境，逐渐改善居民生活的生态环境，进而达到最终愿景即社会和谐发展。

（4）创建了适宜城郊森林公园的"三析五构"旅游规划模式。依据旅游规划定位，采用旅游系统规划方法，创建了一个适合城郊森林公园的"三析五构"旅游规划模式，编制了包含城郊森林公园旅游环境分析、旅游资源分析和休闲旅游市场分析的"三维一体"分析系统，构建了包含城郊森林公园旅游规划理念体系、旅游规划目标体系、旅游功能区划体系、休闲旅游产品体系和旅游支持体系的"五位一体"构建系统。

（5）本书从休闲旅游视角探讨城郊森林公园旅游规划，"三析五构"旅游规划模式是满足城市居民休闲需求的框架体系，因而丰富了休闲研究及休闲旅游研究的内容。

9.3　讨　论

旅游发展的经济效益、生态效益与社会效益是旅游研究一直探索的领域，旅游规划应权衡旅游经济效益、生态效益与社会效益的关系。目前强调自然景区旅游规划生态效益与社会效益的呼声已较多，但如何具体评价旅游规划三大效益的研究还未成熟，本书创建的城郊森林公园旅游规划的效益评价体系相关指标和权重还有待于深入探讨。

旅游规划在一定程度上就是对未来旅游发展进行管理，指引着旅游朝着社会未来宏伟蓝图迈进。因而旅游规划的社会发展导向是实现旅游可持续发展和社会可持续发展的必经之路，本书提出了城郊森林公园社会发展导向旅游规划愿景，但实现各规划愿景的期限及具体衡量标准还有待于深入研究。

城郊森林公园"三析五构"旅游规划模式的"三维一体"分析系统与"五位一体"构建系统各子系统相互衔接与互相影响，其中理念体系与目标体系的实现需依赖于城郊森林公园的资源与区位特点，以及森林公园旅游的运营理念，也需依赖于城市居民的休闲旅游素质与社会文明的发展。因而该规划模式如何依据社会发展进行优化，值得更深入地研究。

　　城郊森林公园的旅游规划是旅游规划和森林公园规划的重要体现,也是城市旅游规划和城市发展规划的重要组成部分,涉及面广,体系复杂。本书是从满足城市居民休闲需求的视角探讨城郊森林公园的旅游规划,较少涉及外地旅游团队的旅游需求,而满足外地旅游团队的旅游需求能明显发展旅游经济,因而如何使城郊森林公园满足外地旅游团队获得经济利益和满足本地居民需求更好地获得社会效益等还有待于深入探讨。

附　　录

南京居民休闲旅游情况调查问卷

尊敬的朋友：

您好！为了解南京居民的休闲旅游情况，改善我国城市居民的休闲生活，我们特设了这份调查问卷。本问卷不涉及个人隐私，所有的回答只供研究之用。在此，谨对您的真诚合作与热情支持表示衷心感谢！

您只需在选项下划"√"即可，可多选。

1. 您周末或节假日休闲活动的主要方式是

a. 在家休闲　　　　　　　　　　b. 外出喝茶聊天　　　　　　　　c. 逛街购物

d. 逛本地人文景点　　　　　　　e. 逛本地自然景区　　　　　　　f. 到外地旅游

2. 您户外休闲主要是

a. 放松心情　　　b. 健身锻炼　　　c. 欣赏文物　　　d. 观看风景　　　e. 换个环境

3. 您经常进行户外休闲的地点是

a. 居民小区　　　b. 市民广场　　　c. 市区或郊区免费景区

d. 市区或郊区收费景区　　　　　e. 外地景区

4. 您外出休闲活动一般花多少时间？

a. 1 小时之内　　　b. 1～2 小时　　　c. 半天　　　d. 1 天　　　e. 1 天以上

5. 您经常外出休闲旅游的方式是

a. 一个人　　　b. 和伴侣　　　c. 和家人　　　d. 和同学　　　e. 和朋友

6. 您经常到景区景点休闲旅游吗？

a. 每天 1 次　　　　　　　　　　b. 2～3 天 1 次　　　　　　　　　c. 每周 1 次

d. 半月 1 次　　　　　　　　　　e. 1 个月以上 1 次

7. 您外出休闲旅游选择景区景点主要考虑的因素是

a. 距离　　　b. 交通　　　c. 费用　　　d. 人文特色　　　e. 自然环境

f. 休闲设施　　　g. 知名度　　　h. 安全　　　i. 餐饮　　　j. 娱乐活动

k. 其他

8. 您周末或节假日愿到下列哪些景区景点游玩

a. 紫金山　　　b. 雨花台　　　c. 牛首山　　　d. 将军山　　　e. 玄武湖

f. 总统府　　　g. 南京博物院　　　h. 夫子庙　　　i. 莫愁湖　　　j. 绿博园

k. 古林公园　　　l. 清凉山　　　m. 情侣园　　　n. 红山动物园　　　o. 栖霞山

p. 幕府山　　　q. 老山　　　r. 珍珠泉　　　s. 金牛湖　　　t. 其他

9. 您认为下列地方属于省级森林公园的有

a. 老山　　　　　b. 紫金山　　　　c. 牛首山　　　　d. 将军山　　　　e. 清凉山

f. 金牛湖　　　　g. 平山　　　　　h. 青龙山　　　　i. 栖霞山

10. 您认为下列地方属于国家级级森林公园的有

a. 老山　　　　　b. 紫金山　　　　c. 牛首山　　　　d. 将军山　　　　e. 青龙山

f. 金牛湖　　　　g. 平山

11. 您愿意花多少钱到紫金山游玩一次？

a. 10 元以下　　　b. 10～20 元　　　c. 20～50 元　　　d. 50～100 元　　　e. 100 元以上

12. 您愿意到紫金山游玩主要是因为

a. 自然景观优美　　　　　　　b. 人文景观丰富　　　　　　　c. 适合登山健身

d. 交通方便　　　　　　　　　e. 有免费景区　　　　　　　　f. 知名度高

13. 您愿意花多少钱到牛首山游玩一次？

a. 10 元以下　　　b. 10～20 元　　　c. 20～50 元　　　d. 50～100 元　　　e. 100 元以上

14. 您愿意到牛首山游玩主要是因为

a. 自然景观优美　　b. 人文景观丰富　　c. 适宜登山健身　　　　　　d. 交通方便

e. 有免费景区　　　　　　　　f. 知名度高

15. 您的性别是

a. 男　　　　　　　b. 女

16. 您的年龄属于

a. 18 岁以下　　　b. 19～30 岁　　　c. 31～45 岁　　　d. 46～60 岁　　　e. 61 岁以上

17. 您的学历状况是

a. 初中以下　　　b. 中专/高中/职高　　c. 大专　　　　d. 本科　　　　e. 研究生以上

18. 您属于

a. 学生　　　　　b. 教师科研人员　　c. 机关事业单位职员　　　　d. 金融系统职员

e. 公司职员　　　f. 自由创业人员　　g. 其他人员

19. 您的平均月收入属于

a. 1000 元以下　　b. 1000～3000 元　c. 3000～5000 元　d. 5000～8000 元　e. 8000 元以上

20. 您居住在南京哪个区？

a. 鼓楼区　　　　b. 玄武区　　　　c. 白下区　　　　d. 栖霞区　　　　e. 雨花台区

f. 秦淮区　　　　g. 下关区　　　　h. 建邺区　　　　j. 其他

感谢您参与本次调查，谢谢！

紫金山森林公园休闲旅游情况调查问卷

尊敬的朋友：

您好！为改进紫金山森林公园的旅游规划,改善我国城市居民的休闲生活,我们特设了这份调查问卷。本问卷不涉及个人隐私,所有的回答只供研究之用。在此,谨对您的真诚合作与热情支持表示衷心感谢！

您只需在选项下划"√"即可,可多选。

1. 您认为紫金山属于

a. 风景名胜区　　　　b. 自然保护区　　　　c. 国家级森林公园 d. 省级森林公园 e. 市级森林公园

2. 您来紫金山游览主要是因为

a. 自然景观优美　　　　　　　b. 人文景观丰富　　　　　　　c. 适合登山健身

d. 交通方便　　　　　　　　　e. 有免费景区　　　　　　　　f. 知名度高

3. 您认为通往紫金山的公交线路情况怎样？

a. 线路多且出行便利　　　　　b. 线路多但很不便利

c. 线路少但很便利　　　　　　d. 线路少且很不便利

4. 您愿意花多少钱来紫金山游览一次？

a. 10 元以下　　　b. 10～20 元　　　c. 20～50 元　　　d. 50～100 元　　e. 100 元以上

5. 您游览过紫金山收费的景点吗？

a. 全都去过　　　b 去过一半以上　　c. 去过一小半　　d. 仅去过几个　　e. 没去过

6. 您认为紫金山应该免费的景点有

a. 梅花山　　　　b. 中山陵　　　　c. 灵谷寺　　　　d. 明孝陵　　　　e. 植物园

f. 紫金山天文台　g. 景点应全免费

7. 您认为紫金山休闲服务设施完善吗？

a. 很完善　　　　b. 比较完善　　　c. 一般　　　　　d. 较不完善　　　e. 很不完善

8. 您对目前紫金山内休闲步行道路满意吗？

a. 很满意　　　　b. 较满意　　　　c. 一般　　　　　d. 较不满意　　　e. 很不满意

9. 您认为紫金山生态保护方面做得怎样？

a. 非常好　　　　b. 较好　　　　　c. 一般　　　　　d. 较差　　　　　e. 非常差

10. 您认为目前紫金山内环境卫生情况如何？

a. 非常好　　　　b. 较好　　　　　c. 一般　　　　　d. 较差　　　　　e. 非常差

11. 您认为紫金山规划重视南京市民的意见吗？

a. 非常重视　　　b. 比较重视　　　c. 一般　　　　　d. 较不够重视　　e. 很不重视

12. 您认为紫金山规划为南京居民休闲服务方面做得怎样？

a. 非常好　　　　b. 较好　　　　　c. 一般　　　　　d. 较差　　　　　e. 非常差

13. 您认为紫金山旅游规划需改进的有

a. 步行道路　　　b. 休闲设施　　　c. 娱乐设施　　　d. 增加免费景区

e. 增加指示牌　　f. 减少机动车入内

14. 您的学历状况是

a. 初中以下　　　　b. 高中/中专/职高　　　c. 大专　　　　　d. 本科　　　　　e. 研究生以上

15. 您的年龄属于

a. 18 岁以下　　　　b. 19～30 岁　　　　c. 31～45 岁　　　　d. 46～60 岁　　　　e. 61 岁以上

16. 您来紫金山休闲旅游的方式是

a. 一个人　　　　b. 和伴侣　　　　c. 和家人　　　　d. 和同学　　　　e. 和朋友

17. 您居住在南京哪个区？

a. 鼓楼区　　　　b. 玄武区　　　　c. 白下区　　　　d. 栖霞区　　　　e. 雨花台区

f. 秦淮区　　　　g. 下关区　　　　h. 建邺区　　　　j. 其他

18. 您对紫金山规划有什么建议？

感谢您参与本次调查,谢谢!

牛首山森林公园休闲旅游情况调查问卷

尊敬的朋友：

　　您好！为改进牛首山森林公园的旅游规划,改善我国城市居民的休闲生活,我们特设了这份调查问卷。本问卷不涉及个人隐私,所有的回答只供研究之用。在此,谨对您的真诚合作与热情支持表示衷心感谢！

　　您只需在选项下划"√"即可,可多选。

1. 您认为牛首山自然景观如何？

a. 非常好　　　　b. 较好　　　　c. 一般　　　　d. 较差　　　　e.非常差

2. 您来牛首山游览主要是因为

a. 自然景观优美　　　　b. 人文景观丰富　　　　c.适合登山健身

d. 交通方便　　　　e. 有免费景区　　　　f.知名度高

3. 您认为南京主城区通往牛首山的公交线路情况怎样？

a. 线路多且出行便利　　　　b. 线路多但很不便利

c. 线路少但很便利　　　　d. 线路少且很不便利

4. 您愿意花多少钱来牛首山游览一次？

a.10 元以下　　b.10～20 元　　c.20～50 元　　d.50～100 元　　e.100 元以上

5. 您游览过牛首山收费的景点吗？

a. 没去过　　　　b 去过一个　　　　c. 去过两个　　　　d. 全都去过

6. 您认为牛首山应该免费的景点有

a. 弘觉寺塔院　　b. 南唐二陵　　c. 郑和墓　　d. 景点应全免费

7. 您认为牛首山属于

a.风景名胜区　b.自然保护区　c.国家级森林公园　d.省级森林公园　e.市级森林公园

8. 您对目前牛首山内道路满意吗？

a.很满意　　b. 较满意　　c.一般　　d. 较不满意　　e.很不满意

9. 您认为牛首山生态保护方面做得怎样？

a.非常好　　b.较好　　c.一般　　d.较差　　e.非常差

10. 您认为目前牛首山内环境卫生情况如何？

a.非常好　　b.较好　　c.一般　　d.较差　　e.非常差

11. 您认为牛首山规划重视南京市民的意见吗？

a.非常重视　　b.比较重视　　c.一般　　d.较不重视　　e.很不重视

12. 您认为牛首山规划为南京居民休闲服务方面做得怎样？

a.非常好　　b.较好　　c.一般　　d.较差　　e.非常差

13. 您认为牛首山旅游规划需重视的有

a.步行道路　　b.休闲设施　　c.娱乐设施　　d. 景区应免费

e.减少机动车入内　　f.增加厕所　　g.增加指示牌

14. 您的学历状况是

a. 初中以下　　　　b. 高中/中专/职高　　　c. 大专　　　　d. 本科　　　　e. 研究生以上

15. 您的年龄属于

a. 18 岁以下　　　b. 19～30 岁　　　c. 31～45 岁　　　d. 46～60 岁　　　e. 61 岁以上

16. 您来牛首山休闲旅游的方式是

a. 一个人　　　　b. 和伴侣　　　　c. 和家人　　　　d. 和同学　　　　e. 和朋友

17. 您居住在南京哪个区？

a. 鼓楼区　　　　b. 玄武区　　　　c. 白下区　　　　d. 栖霞区　　　　e. 雨花台区

f. 秦淮区　　　　g. 下关区　　　　h. 建邺区　　　　j. 其他

18. 您对牛首山规划有什么建议？

感谢您参与本次调查，谢谢！

参考文献

保继刚，楚义芳．1993．旅游地理学．北京：高等教育出版社，63-64；232．

保继刚，楚义芳．1999．旅游地理学(第二版)．北京：高等教育出版社，79-87．

保继刚，等．2004．城市旅游．天津：南开大学出版社．

陈传康．1992．区域旅游开发研究．北京：气象出版社．

陈贵松．2004．森林旅游负外部性的经济学分析．林业经济问题，**24**(5)：257-160．

陈红．2005．条件价值法在森林生态旅游产品价值评估中的运用．绿色中国(理论版)，(20)：60-62．

陈健昌，保继刚．1988．旅游者行为研究及其实践意义．地理研究，**7**(3)：45-51．

陈寿朋．2006．加强生态道德建设 促进人与自然和谐．求是，(24)：48-50．

陈鹰，黄磊昌，王祥荣．2007．区域旅游规划中旅游资源集合区生态位的研究．城市规划，(4)：37-41．

谌莉，等．2002．钟山风景区陵墓旅游资源的旅游区位特性分析．南京师大学报(自然科学版)，(4)：110．

程遂营．2006．我国居民的休闲时间、旅游休闲与休闲旅游．旅游学刊，(12)：9-10．

仇惠栋．2008．在中山陵设收费站，行不行？南京晨报，09-19：A14．

戴广翠，高岚，艾运盛．1998．对森林游憩价值经济评估的研究．林业经济，(2)：65-74．

但新球，喻甦．2005．森林公园野营区的规划探讨．中南林业调查规划，(2)：25-26．

邓金阳，柯显东．1995．论森林旅游的生态影响及对策．湖南林业科技，**22**(2)：33-41．

董杰，等．2004．钟山风景名胜区旅游环境容量初探．西南师范大学学报(自然科学版)，(6)：1041-1045．

董晓英，王连勇．2008．卡卡杜国家公园的规划与管理及对我国森林公园发展的启示．中国林业经济，(4)：34-37．

范业正，胡清平．2003．中国旅游规划发展历程与研究进展．旅游学刊，(6)：25-30．

范业正，陶伟，刘锋．1998．国外旅游规划研究进展及主要思想方法．地理科学进展，(3)：86-92．

方创琳，等．2008．城市化过程与生态环境效应．北京：科学出版社，3．

方尉元．2007．上海东平国家森林公园改造规划探讨．中国园林，(9)：68-72．

冯书成，等．2000．森林旅游资源评价方法与标准的研究．陕西林业科技，(1)：23-26．

高炜，李敏，成岗．2008．昨日3万老人灵谷寺赏桂．南京晨报，10-08：03A．

戈比[美]．2000．21世纪的休闲与休闲服务．张春波，等 译．昆明：云南人民出版社，2-10．

格雷戈里．1985．森林资源经济学．许伍权，等 译．北京：中国林业出版社．

郭长江，等．2007．国内外旅游系统模型研究综述．中国人口·资源与环境，(4)：101-106．

郭界秀．2007．比较优势理论研究综述．社科纵横，(1)：64-66．

郭鲁芳，王伟．2008．环城游憩带成长模式及培育路径研究——基于体验经济视角[J]．旅游学刊，(2)：55-59．

郭鲁芳．2004．休闲消费的经济分析．浙江大学博士学位论文．

郭鲁芳．2005．中国休闲研究综述．商业经济与管理，(3)：76-79．

郭为，何媛媛．2008．旅游规划：走向科学实证与概念创意的融合．旅游学刊，(7)：5-6．

郭英之．2003．旅游感知形象研究综述．经济地理，(2)：280-283．

国家发改委．2008．关于整顿和规范游览参观点门票价格的通知．国家发改委网页，http://www.ndrc.gov.cn/zcfb/zcfbtz/2008tongzhi/t20080430_208215.htm．

郝燕湘．2007．森林公园：林业生态文化体系建设的重要阵地．中国林业产业，(10)：26-28．

洪剑明，冉东亚．2006．生态旅游规划设计．北京：中国林业出版社，38．

洪滔．2005．福州三叠井森林公园生态旅游环境容量的探讨．福建林学院学报，**25**(04)：356-359．

侯国林. 2006. 基于社区参与的湿地生态旅游可持续开发模式研究. 南京师范大学博士学位论文.

胡坚强,任光凌. 2004. 传统林业思想中的"天人合一"理念及其实践. 世界林业研究,(4):42-44.

胡志毅,张兆干. 2002. 社区参与和旅游业可持续发展. 人文地理,(2):39-41.

黄金国. 2006. 西樵山国家森林公园旅游产品的设计与开发. 商业研究,(3):171-172.

黄柯,祝建军,蒲素. 2007. 我国旅游交通发展现状及研究述评. 人文地理,(1):23-27.

黄昆. 2004. 利益相关者理论在旅游地可持续发展中的应用研究. 武汉大学硕士学位论文.

黄丽玲,朱强,陈田. 2007. 国外自然保护地分区模式比较及启示. 旅游学刊,(3):18-25.

黄益. 2008. 南京60岁以上老年人已有93万. 南京晨报,10—08:03A.

黄震方,李想,高宇轩. 2002. 旅游目的地形象的测量与分析——以南京为例. 南开管理评论,(3):69-73.

霍尔,佩奇. 2007. 旅游休闲地理学——环境·地点·空间. 周昌军,何佳梅 译.北京:旅游教育出版社.

姜春前,何艺玲,韦新良. 2004. 森林生态旅游效益评价指标体系研究. 林业科学研究,**17**(3):334-339.

焦玉海. 2008. 中国生态文化协会在京成立. http://www.forestry.gov.cn/distribution/2008/10/10/lyyw—2008—10—10—20164.html.

凯利[美]. 2003.走向自由—休闲社会学新论. 赵冉 译.昆明:云南人民出版社.

赖坤. 2004. 旅游功能区规划优化模式设计研究. 华东师范大学硕士学位论文.

兰思仁. 2004. 国家森林公园理论与实践. 北京:中国林业出版社.

李春颖. 2006. 森林公园度假旅游产品开发研究.厦门:华侨大学硕士学位论文.

李健,郑国全. 2006. 山地休闲旅游时尚产品开发与旅游活动创新. 旅游学刊,(12):11-12.

李景宜,周旗. 2006. 区域旅游开发模式研究综述. 地域研究与开发,(6):66-70.

李明阳,王保忠,刘礼. 2007. 城市国家森林公园经营区划方法研究. 林业资源管理,(1):75-79.

李若凝. 2005. 森林旅游资源保护与管理对策研究. 林业经济问题,(1):21-24.

李世东,陈鑫峰. 2007. 中国森林公园与森林旅游发展轨迹研究. 旅游学刊,(5):66-72.

李世东. 1994. 我国森林公园的现状及发展趋势. 中南林学院学报,**14**(2):163-168.

李星群,黄建平. 2001. 对南宁市城郊森林公园的几点思考. 广西林业科学,(1):107-108.

李贞,保继刚,覃朝锋. 1998. 旅游开发对丹霞山植被的影响研究. 地理学报,**53**(6):554-560.

李正国. 2006. 景观生态区划的理论研究. 地理科学进展,(5):10-19.

李仲广,卢昌崇. 2004. 基础休闲学.北京:社会科学文献出版社,5-118.

廖建华,廖志豪. 2004. 区域旅游规划空间布局的理论基础. 云南师范大学学报,**36**(5):130-134.

林毅夫,孙希芳. 2003. 经济发展的比较优势战略理论. 国际经济评论,(6):13-17.

刘昌雪,汪德根. 2004. 城郊旅游的潜在市场特征及产品开发——以合肥市为例. 资源开发与市场,**20**(3):224-226.

刘峰. 1999. 旅游系统规划——一种旅游规划新思路. 地理学与国土研究,**15**(1):56-60.

刘浩. 2008. 论经济学、幸福感与人类福利. 现代商贸工业,(2):73-74.

刘佳燕. 2008. 转型背景下城市规划中的社会规划定位研究. 北京规划建设,(4):101-102.

刘家明. 2006. 从规划实践看旅游资源开发评价. 旅游学刊,(1):9-10.

刘群红. 2000. 发展我国休闲旅游产业问题的若干思考. 求实,(8):41-43.

刘旺,杨敏. 2006. 比较优势、竞争优势与区域旅游规划. 四川师范大学学报(社会科学版),(4):112-113.

刘纬华. 2000. 关于社区参与旅游发展的若干理论思考. 旅游学刊,(1):47-52.

刘雁琪,张启翔. 2004. 森林公园静养区景观建设相关问题探讨. 河北林业科技,(1):24-26.

刘毅,陶冶. 2003. 我国森林旅游发展障碍分析及思考. 林业经济问题,**23**(1):49-52.

刘正旭,等. 2008. 钟南山:数据显示50岁以上广州人肺脏呈黑色. http://news.sina.com.cn/c/2008—06—13/004814008410s.shtml.

楼嘉军,徐爱萍,岳培宇. 2007. 城市居民休闲方式选择倾向研究——上海、武汉和成都的比较分析. 华东经济管理,**22**(4):32-38.

楼嘉军. 2000. 娱乐旅游概论. 福州:福建人民出版社,37.

罗芬,等. 2008. 世界自然遗产地游客旅游解说需求之研究——以湖南武陵源风景名胜区为例. 旅游学刊,
  (8):69-70.

罗芬.2005. 森林公园旅游解说规划技术研究.中南林学院硕士学位论文.

罗坚梅,等 2007. 在休闲旅游中享受生活——解读桐庐"中国最佳休闲旅游县"之二. 杭州日报,12-4,(002).

罗明春,等. 2005. 不同类型森林公园游客的特征比较. 中南林学院学报,(6):110-115.

马波. 2006. 休闲时代的城市旅游发展. 旅游学刊,(10):10-11.

马聪玲,张金山. 2007. 对我国旅游规划现状的反思与评价. 北京工商大学学报(社会科学版),(2):88-92.

马海鹰. 2006. 休闲时代的旅游业定位问题. 旅游学刊,(11):9-10.

马惠娣. 2002. 未来 10 年中国休闲旅游业发展前景缭望. 齐鲁学刊,(2):19-21.

马惠娣. 2004. 走向人文关怀的休闲经济. 北京:中国经济出版社,3.

马剑英. 2001. 森林旅游资源评价研究综述. 甘肃农业大学学报,(4):357-358.

孟明浩,顾晓艳. 2002. 近年来国内关于城郊旅游开发研究综述. 旅游学刊,(6):71-75.

明茨伯格[美]. 2004. 规划. 陈正侠 译.北京:企业管理出版社.

缪蜻晶,王劲松. 2003. 交通成本、消费者选择与旅游目的地发展. 思想战线,(2):43-44.

宁泽群,王兵.现代休闲方式与旅游发展. 北京:中国旅游出版社,210-213.

欧阳勋志,廖为明,彭世揆. 2004. 论森林风景资源质量评价与管理. 江西农业大学学报,(2):169-173.

秦安臣,等.2005. 生态旅游地可持续经营度的初探——以雾灵山森林公园为例.生态经济,(10):283-286.

邱晓霞. 2008. 我国森林公园旅游开发与规划研究综述. 资源开发与市场,(1):77-79.

曲利娟,傅桦. 2008. 我国森林旅游效益评价研究. 首都师范大学学报(自然科学版),(4):90-92.

冉斌. 2004. 我国休闲旅游发展趋势及制度创新思考. 经济纵横,(2):25-28.

阮君. 2006. 福建省森林游憩价值估算——以武夷山自然保护区为例. 山东林业科技,(3):7-11.

沈慧贤,郑向敏. 2008. 论区域旅游发展中的马太效应与利益相关人的应对——以太姥山国家风景名胜区为
  例. 北京第二外国语学院学报,(7):67-68.

宋长海,楼嘉军. 2006. 上海休闲旅游特色街空间结构及成因研究. 旅游学刊,(8):13-17.

宋晓莲,甘万莲. 2004. 文化人类学研究与旅游规划仁. 思想战线,**30**(1): 120-124.

孙波,等. 2008. 国庆 210 万人出城 354 万人游南京. 南京晨报,10—06:03A.

孙建平.2004.秦岭北坡森林公园游憩价值及深层生态旅游开发.陕西师范大学硕士学位论文.

孙克南,赵小宇. 2000. 森林公园建设存在的问题及对策. 河北林业科技,(5):50-51.

孙兰兰. 2007. 南京紫金山拟建民国新生活社区酒吧街引争议. 中国经济网. http://www.ce.cn/newtravel/
  lvxw/zhxw/200701/05/t20070105_9993132.shtml.

孙平. 1992. 英国国家公园的思想与发展. 风景名胜,(4):36-37.

唐丽.1999. 我国森林生态旅游发展刍议.湖南林业科技,(01):41-46.

田逢军,沙润. 2008. 基于城市休闲理念的公园绿地开发途径——以上海市为例. 城市问题,(9):45-49.

田玉清. 2004. 浅议森林公园规划与环境建设. 山西林业,(5):18-19.

汪宇明. 2002. 核心—边缘理论在区域旅游规划中的运用. 经济地理,(3):372-375.

王国聘. 2003. 论现代生态思维方式与城市观的更新. 南京林业大学学报(人文社会科学版),(1):5-8.

王国新. 2006. 浅谈我国休闲旅游与休闲产业、休闲社会的发展关系. 旅游学刊,(11):8-9.

王红姝,赵欣欣,李继红. 2000. 森林旅游产品策略研究. 林业经济,(2):74-78.

王娜. 2007. 完善森林公园旅游解说系统. 科技咨询导报,(24):95.

王宪礼,朴正吉,孙永平,等. 1999. 长白山生物圈保护区旅游的环境影响研究. 生态学杂志,**18**(3): 46-53.

王小明. 2004. SWOT 分析法及其在森林旅游规划中的应用. 中国林业,(4A):32-33.

王兴国,王建军.1998.森林公园与生态旅游.旅游学刊,(02):16-19.

王旭科,赵黎明.2007.旅游区规划的城市化问题及其对策研究.人文地理,(6):94-97.

王雅林.2003.城市休闲——上海、天津、哈尔滨城市居民时间分配的考察.北京:社会科学文献出版社,43-45.

王亚军.2007.生态园林城市规划理论研究.南京林业大学博士学位论文.

王艳,等.2007.城郊型森林公园规划中的性质定位.林业科技开发,(1):104-107.

王莹.2006.由"景观设计"到"场景设计".旅游学刊,(10):11.

王永安.2003.森林生态旅游新趋势.湖南林业科技,**22**(3):44-47.

王幼臣,张晓静.1996.湖南省张家界森林公园社会效益评价.林业经济,(5):44-54.

王忠丽,李永文,郭影影.2007.论休闲产业发展与和谐社会建设.旅游学刊,(2):24-25.

吴必虎,等.1997.上海市民近程出游力与目的地选择评价研究.人文地理,**12**(1):17-23.

吴必虎,金华,张丽.1999.旅游解说系统的规划和管理.旅游学刊,(1):44-45.

吴必虎.1998.旅游系统:对旅游活动与旅游科学的一种解释.旅游学刊,**1**(1):21-25.

吴必虎.2001.区域旅游规划原理.北京:中国旅游出版社.

吴承照,等.2001.风景旅游规划的三元结构——来自澳大利亚自然公园的启示.城市规划汇刊,(3):39-40.

吴承照.1997.游憩规划的定性、定位与定向.城市规划汇刊,(6):23-27.

吴承照.1999.现代城市旅游规划技术体系.城市规划,**23**(10):27-30.

吴承照.2003.人与自然和谐发展的设计图解—《国家公园游憩设计》评介.中国园林,(12):41-42.

吴楚材.1991.张家界国家森林公园研究.北京:中国林业出版社,3-4.

吴人韦.1999.旅游规划原理.北京:旅游教育出版社,63-65.

吴人韦.1999.论旅游规划的性质.地理学与国土研究,**15**(4):50-54.

吴志强,吴承照.2005.城市旅游规划原理.北京:中国建筑工业出版社,123.

伍荣.2000.关于湖南省森林公园的可持续发展问题研究.林业资源管理,(5):38-41.

武国强,等.2005.国内外关于森林旅游对自然保护区环境影响的研究进展.河北林果研究,**20**(3):300-304.

小佳.2009.国民休闲计划出台恰逢其时?三大悬念仍然待解.中国网,03—12,http://lianghui.china.com.cn/news/txt/2009—03/12/content_17431054.htm.

肖洪根.2001.对旅游社会学理论体系研究的认识——兼评国外旅游社会学研究动态(上).旅游学刊,(6):16-25.

肖平,等.2007.中山陵园风景名胜区游憩价值研究.南京林业大学学报(自然科学版),(3):25-28.

谢哲根,等.2000.森林公园旅游产品的研究.北京林业大学学报,(3):72-75.

新华社.2008.统计局称中国已跃升"中等偏下收入国家".扬子晚报,10-28:A2.

徐关辉,等.2008.35万市民昨免费畅游9大公园.南京晨报,09—08:A02.

许春晓.2003.城市居民对周边旅游地的需求特征研究.热带地理,(1):67-70.

许春晓.2003.城市居民对周边旅游地的需求特征研究——以湖南湘潭市居民对黑麋峰森林公园的需求调查为例.热带地理,(1):67-70.

薛艳红,等.2006.大老岭国家森林公园生态旅游的开发与管理.福建林业科技,(4):214-217.

颜玉娟.2005.森林公园解说系统设计的植物选择.湖南林业科技,(3):76-77.

杨财根.2006.旅游休闲的成本分析.江苏经贸职业技术学院学报,(1):42-45.

杨士龙.2007.加拿大"可持续旅游"的成功典范:班芙国家公园.新华网,05—02,http://news.xinhuanet.com/travel/2007—05/02/content_6053346.htm.

姚三中.2005.森林公园建设和森林旅游发展中存在问题及其对策初探.现代种业,(5):5-6.

姚贤林,凌飞,朱勇强.2007.原生态型森林公园总体规划技术研究—以浙江牛头山森林公园为例.华东森林经理,(3):59-63.

叶文,等. 2006. 城市休闲旅游. 天津:南开大学出版社,83.

伊格尔斯,麦库尔,海恩斯. 2005. 保护区旅游规划与管理指南, 张朝枝,罗秋菊 主译. 北京:中国旅游出版社,142-143.

应水金. 2005. 福建省森林公园建设现状、存在问题及解决对策. 华东森林经理,(3):63-66.

于英杰. 2009. 中国将启动国民休闲计划 江苏山东等将先行试点. 中国网,03－12,http://lianghui.china. com. cn/news/txt/2009－03/12/content_17430387. htm.

余建. 2003. 千佛山国家森林公园旅游开发定位研究. 电子科技大学硕士学位论文.

战国强,等. 2005. 试论城郊型森林公园的规划设计. 广东园林,(5):21-24.

张广瑞. 2008. 中国离"旅游强国"还有多远? 旅游学刊,(5):5-6.

张华海,张超. 2002. 森林旅游中几个重要概念的溯源. 贵州林业科技,**30**(1): 52-55.

张建,2005. 重视区域旅游合作开发中的行政区划因素. 科学·经济·社会,(1):55-59.

张建. 2006. 都市休闲空间的整合与调控研究. 华东师范大学博士学位论文.

张建. 2008. 国际休闲研究动向与我国休闲研究主要命题刍议. 旅游学刊,(5):68-73.

张捷,等. 2002. 城市现代化与城市旅游规划现代化. 铁道师院学报,**19**(2):1-7.

张蕾. 2007. 关于积极推进森林生态文化体系建设的几点思考. 北京林业大学学报(社会科学版),(2):1-4.

张立明,赵黎明. 2006. 国家森林公园旅游解说系统的构建. 西北农林科技大学学报(社会科学版),(2):88-92.

张培,刘婧. 2007. "核心—边缘"理论在区域旅游发展中的结构模式与实际应用. 乐山师范学院学报,(12):102-103.

张西林. 2004. 湖南省森林公园旅游性质的定位分析. 西部林业科学,(3):85-87.

张晓慧,等. 2002. 秦岭北坡森林公园旅游市场营销新策略. 西北农林科技大学学报(社会科学版),(4):22-24.

张茵. 2005. 条件估值法评估环境资源价值的研究进展. 北京大学学报(自然科学版),(2):323-325.

张中华,文静,李瑾. 2008. 国外旅游地感知意象研究的地方观解构. 旅游学刊,(3):43-48.

章建斌,吴彩云. 2005. 试论城郊森林公园生态旅游功能的实现. 世界林业研究,(1):74-75.

赵红霞,刘伟平. 2006. 森林旅游资源评价方法对比分析研究. 林业经济问题,(2):116-119.

赵献英. 1994. 自然保护区的建立与持续发展的关系. 中国人口·资源与环境,**4**(1):16-21.

赵振斌. 1999. 双休日休闲旅游市场特征及产品开发. 人文地理,(4):46-49.

钟林生,肖笃宁,赵士洞. 2002. 乌苏里江国家森林公园生态旅游适宜度评价. 自然资源学报,**17**(01):71-77.

钟永德,罗芬. 2006. 国内外旅游解说研究进展综述. 世界地理研究,(4):87-93.

周灿,林开文. 2007. 大黑山森林公园之规划构思. 林业调查规划,(2):158-161.

朱剑红. 2002. 全面小康基本标准. 中广网,12－02,http://www. cnr. cn/home/tbtj/200211180168. html.

朱如虎. 2008. 福州国家森林公园发展中的问题浅析. 海峡科学,(7):53-54.

朱未易. 2008. 基于系统论视角的社会科学研究管理机制建构. 南京社会科学,(8):95-96.

字秀春. 2007. 郑州"祖龙"出世之迷:多个政府部门违规开绿灯. 人民网,4－6. http://society. people. com. cn/GB/1062/5571763. html.

邹再进,罗光华. 2001. 论城市旅游规划与城市相关规划的关系. 重庆师范学院学报,**18**(2):71-73.

Andreas Papatheodorou. 2002. Civil aviation regimes and leisure tourism in Europe. Journal of Air Transport Management,(8):381-388.

Baud-Bovy M, Lawson F. 1976. Tourism Master Plan, Toronto, Management Development Institute. Ryerson Polytech-nical Institute.

Brightbill C K. 1963. The Charllenge of Leisure. Prentice-Hall, 235.

Catherine S, Sue G. 2006. Applied climatology: Urban climate. Physical Geography, **30**(2):270-279.

Ceballos-Lascuráin H. 1987. The future of ecotourism. Mexico Journal, (2):13-14.

Daniel T C. 1977. Mapping the scenic beauty of forest landscapes. Leisure Science, **1**(1): 12-18.

Donnelly D M. 1986. Net economic value of recreational steel head fishing in Idaho. USDA, FS Resource Bulletin.

Dumazedier J. 1992. Toward A Society of Leisure. New York:The Free Press, 16-17.

Fennell D A. 1999. Ecotorism: An Introduction. London: Routledge.

Florin Ioras, Nicolae Muica. 2001. Approaches to sustainable forestry in the Piatra Craiului National Park. Geo Journal. **54**(3-4):579-598.

Garrod B, Fyall A, Leask A. 2002. Scottish visitor attractions: Managing visitor impacts. Tourism Management,**23**:265-279.

Gets D. 1987. Tourism Planning and Research Traditions, Models and Futures. the Australia Travel Research Workshop,Bunbury,Australia.

Getz D. 1986. Models in tourism planning towords integration of theory and practice. Tourism Management, **7** (1):21-32.

Goodale T L, Godbey G C. 1988. The Evolution of Perspective. State College, PA: Venture Publishing, 104.

Grazia S D. 1964. Of Time,Work and Leisure. Dubleday&Company Inc. ,56.

Gunn Clare A. 1972. Concentrated dispersal, dispersed concentration-A pattern for saving scarce coastlines. Landscape Architecture, **62**:133.

Gunn Clare A. 1979. Tourism Planning. New York: Routledge, 89-93.

Harshaw H W. 2007. Outdoor recreation and forest management: A plea for empirical data. The Foresty Chronicle,(2):233-235.

Hunter C, Green H. 1995. Tourism and Environment-A Sustainable Relationship. London &NewYork: Routledge.

Ian Mcdonnell. 1997. Leisure and Tourism. Annals of Tourism Research, **24**(1):252-263.

Inskeep E. 1991. Tourism Planning: An Integrated and Sustainable Approach. The Hugne: Van Nostrand Reinold, 112-123.

Kelly J R. 1987. Free to Be-a New Sociology of Leisure. New York. NY: Macmillan Publishing,

Kevin Moore,Grant Cushman,David Simmons. 1995. Behavioral Conceptualization of Tourism and Leisure. Annals of Tourism Research, **22**(1):67-85.

Linder S . 1970. The Harried Leisure Glass. New York: Columbia University Press,88.

Lisa Hrnsten, Peter Fredman. 2000. On the distance to recreational forests in Sweden. Landscape and Urban Planning, **51**(1):1-10.

Michael R Patsfall, Nickolaus R Feimer, Gregory J Buhyoff. 1984. Estimating the public benefits of protecting forest quality the prediction of scenic beauty from landscape content and composition. Journal of Environmental Psychology, **4**(1): 7-26.

Murphy P E. 1984. Tourism-A Community Approach. Methuen. New York: The Free Press.

Paula Horne. 2006. Multiple use management of forest recreation sites: A spatially explicit choice experiment. Forest Policy and Economics, **8**(1):52-66.

Riccardo Scarpa. 2000. Valuing the recreational benefits from the creation of nature reserves in Irish forests. Ecological Economics, **33**(2):237-250.

Stynes D J. 1993. Leisure—The New Center of the Economy. Academy of Leisure Sciences, White Paper, SPRE Newsletter, **17**(3):15-20.

Swarbrooke J. 1995. The development and management of visitor attraction. Oxford: Butterworth Hei nemann.

Wall G, Wright C. 1997. The Environmental Impact of outdoor Recreation. University of Waterloo.

William E Hammitt, Michael E Patterson, Francis P Noe. 1994. Identifying and predicting visual preference of southern Appalachian forest recreation vistas. Landscape and Urban Planning, **29**(3): 171-183.

Xavier Font, John Tribe. 2000. Environmental management of Forest Tourism and Recreation, International journal of Tourism Research, **2**(3):203-205.

后　记

　　旅游规划影响旅游景区发展,也影响整个旅游业的发展。森林公园作为国家生态战略的重要成分已成为旅游景区的重要组成部分,也正在受到旅游规划与旅游业发展的冲击。城郊森林公园在"保护和利用森林风景资源,为社会提供良好森林游憩服务"战略使命下如何进行旅游规划,不仅影响其游憩价值,而且影响其生态价值和社会价值,影响所在城市人与自然的和谐发展,对城市居民的休闲游憩与社会生活及城市社会可持续发展都有重要影响。基于此,产生了研究城郊森林公园旅游规划的想法。

　　本书是在我的博士研究生导师——南京林业大学肖平教授指导下完成的,从选题、研究设计到修改、终稿都离不开肖老师认真细致的批阅与指导,肖老师严谨的治学态度、深厚的学术造诣、高尚的为人风格深深激励着我在学业中奋进,肖老师对我的关心与帮助给予我极大的鼓舞,同时也倍增我克服写作困难的信心与勇气。

　　感谢南京林业大学张敏新教授给予我热心的指导与帮助,帮我解决了研究过程中遇到的各种问题;感谢南京林业大学沈杰教授、王国聘教授、彭世揆教授、王全权教授、阮宏华教授、丁胜副教授、贾卫国副教授、俞小平副教授等给予我的热情支持与帮助;感谢郭剑英、周早弘、倪筱琴、邓刚、高爱芳、景杰、吴胜、张长江、顾晓燕、孙萍、刘俊、程录庆、竺杏月等博士研究生同学给予我热情无私与孜孜不倦的支持与帮助。

　　感谢江苏省林业局江苏省林业技术推广总站张建宇、中山陵园管理局综合计划处廖处长、牛首山牛首塔、郑和墓、南唐二陵等处的工作人员热情提供给我有关南京城郊森林公园的资料。

　　感谢南京林业大学人文社科院旅游管理系 2007 级与 2008 级同学在实证调研中付出的辛苦与给予的帮助。

　　感谢江苏经贸职业技术学院对本项目的资助。

　　感谢江苏经贸职业技术学院旅游管理系各位同事对我的支持与帮助。

　　本书能够顺利出版,还要特别感谢气象出版社的蔺学东先生,他严谨细致、科学专业的编审,对本书的质量改善起了重要作用,他的热情支持与帮助,使我深受感动。

　　本书的成功完成得益于前辈们的辛劳研究,正是由于前辈们大量的科研成果与真知灼见,让我能够查阅此项目相关的参考文献并获得写作灵感。在此,谨向这些文献的作(译)者们表示衷心的感谢!

　　由于作者水平有限,书中难免有一些疏漏与不足之处,敬请读者批评指正。

杨财根

2012 年 3 月于南京